写给青少年的绿水青山

绿水青山

山水林田

中国地图出版社 编著

中国地图出版社

·北京·

图书在版编目 (CIP) 数据

写给青少年的绿水青山 . 山水林田 / 中国地图出版
社编著 . -- 北京 : 中国地图出版社 , 2025. 1. -- ISBN
978-7-5204-4507-8

Ⅰ . X321.2-49

中国国家版本馆 CIP 数据核字第 20244KC142 号

XIE GEI QINGSHAONIAN DE LYUSHUIQINGSHAN——SHAN SHUI LIN TIAN
写给青少年的绿水青山——山水林田

出版发行	中国地图出版社		邮政编码	100054	
社　　址	北京市西城区白纸坊西街 3 号		网　　址	www.sinomaps.com	
电　　话	010-83490076　83495213		经　　销	新华书店	
印　　刷	保定市铭泰达印刷有限公司		印　　张	8.5	
成品规格	170mm×240mm				
版　　次	2025 年 1 月第 1 版		印　　次	2025 年 1 月河北第 1 次印刷	
定　　价	39.80 元				
书　　号	ISBN 978-7-5204-4507-8				
审 图 号	GS 京（2024）1991 号				

本书中国国界线系按照中国地图出版社 1989 年出版的 1∶400 万《中华人民共和国地形图》绘制
如有印装质量问题，请与我社发行公司联系调换
本书中有个别图片，我们经多方努力仍未能与作者取得联系。请作者及时联系我们，以便支付相关
费用

目 录

第三章 林

第四章 田

图例

—未定 国界	⊛ 外国首都
……… 省级界	河流
------ 特别行政区界	海岸线
★ 首都	▲ 山峰

第一章

第一节 锦绣名山，弘扬文化

纵观中华五千年的文明史，不难发现，中国人与山有着不解之缘。中国古代神话故事中的仙山至今都被人津津乐道，古今文人墨客也留下了诸多有关山的诗句。可以说，山丰富了中国人的精神世界。

三山五岳

中国人谈及山，必会说到"三山五岳"。关于"三山"有一种说法，指的是喜马拉雅山脉、昆仑山脉、天山山脉。但现今常说的"新三山"是指安徽黄山、江西庐山、浙江雁荡山。关于"三山"还有一种说法，就是道教传说中的海上"三神山"，也是秦始皇让方士徐福去寻找的三座仙山：蓬莱、瀛洲、方丈，因为这三座山是传说中神仙居住的地方，所以格外让古人神往。

"五岳"则是中华大地上五座名山的总称。"五岳之首"泰山，自古便被视为"直通帝座"的地方，成为百姓崇拜、帝王告祭的神山，有"泰山安，四海皆安"的说法。

拓展阅读

东海寻仙山

传说在公元前 219 年，秦始皇为了求长生不老之术，派徐福率领数千名童男童女前往东海"三仙山"寻仙问药。然而，秦始皇病故后，徐福带领的一行人却神秘消失了。有一种观点认为他们成功到达了朝鲜半岛和日本，并在那里留下了文化和历史的印记。

《山海经》中的山

山在地理学著作中也有记载。作为一部中国古代人文神话地理著作，《山海经》不仅描写了上古神话中的诸神异兽，还提到了遍布于中华大地之上的名山大川。《山海经》一共记载了 400 多座大山。其中，"昆仑山"被塑造成了仙界殿堂，此后的诸多典籍都称昆仑山为一座神山，人登之即可不死。在中国古代神话中，山还可以作为登天的工具，甚至被称为"天梯"。也就是说，通过登山，可以通达上天，接触神灵。

文人笔下的山

山在文人笔下是别有一番风味的。

"会当凌绝顶，一览众山小""不识庐山真面目，只缘身在此山中""而

五岳独尊——泰山

拓展阅读

泰山封禅

公元前 221 年，中国历史上第一个中央集权君主专制的统一王朝——秦朝建立。公元前 219 年，秦始皇率领文武大臣及儒生等人，到泰山举行封禅大典。自秦始皇封禅之后，泰山封禅成为历代帝王的政治梦想。帝王们通过在泰山上封禅，一方面表示帝王受命于天，即"王命天授"，以巩固其统治地位；另一方面，则是要向上天汇报其政绩，表明当下的太平盛况，同时答谢上天的佑护。

世之奇伟、瑰怪，非常之观，常在于险远，而人之所罕至焉""采菊东篱下，悠然见南山"…… 山以其博大的胸怀，淡化了文人对红尘名利的欲望，将文人的情与志相融，升华了他们的灵魂。

文人大家对于山的喜爱，不仅体现在作品中，还践行在整个生命历程

里。中国古代山水派代表诗人谢灵运，就是一位痴迷登山的旅行家。谢灵运在旅行中，经常选择一些奇险、陡峻的山作为自己的攀登目标，被称为"古代攀岩运动的先行者"。"五岳寻仙不辞远，一生好入名山游"，李白除短暂的官场生涯外，几乎一生都在旅途中度过，中国的名山大川处处留有他的足迹。

中国的山雄伟壮美，不仅给人们提供了天然景观，令人心旷神怡，还给人们带来了精神信仰。

探索与实践

1. 赏析与山有关的经典古诗词。
2. 进行一次游览中国"五岳"的研学旅行。

 昆仑山

第二节 山的形成

地球诞生于 46 亿年前，那么，遍布全球的山是否也有 46 亿岁的高龄？其实不是。地质学家告诉我们，山是经过了一次次翻天覆地的"造山运动"后才得以形成的。宋代的《朱子语类》中有这样的记载："高山有螺蚌壳，或生石中。此石即旧日之土，螺蚌即水中之物。"人们在高山上发现水生生物的遗迹，说明那时人们就已经发现山是地球"后天运动"的产物。那么，地球到底是怎么"造山"的呢？究竟是怎样的"运动"创造了这样的自然奇迹？

从山的"褶皱"说起

山千姿百态，其中有一类山的内部，岩层弯弯曲曲，像极了"皱纹"。地质学家给它们起了一个非常形象的名字——褶皱。工业革命时期，为了满足巨大的能源需求，人们大规模开山采矿，之后，山体中岩层的褶皱越来越多地显露出来，人们发现具有这种岩层结构的山在世界各地都很常见。褶皱的普遍存在让人不禁联想到它的成因。如果把一本书从两边向中间推，书页也会弯曲，形成类似褶皱的形态，所以这些地表的褶皱很可能是岩层被挤压所形成的。如果山真的可以被"挤"出来，那么，是什么力量挤压的呢？

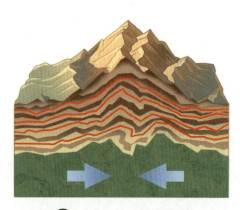

⬆ 褶皱山形成的原理

早期的地质学家们也有同样的疑惑，在进行地质考察和研究后，他们有了一个重要发现：板块的运动可以解释陆地上山脉的形成。板块是什么？板块构造学说认为，地球表面的岩石圈不是一个整体，而是分裂成许多大大小小的块体，这就是板块。板块"漂浮"在地球软流圈上，当板块之间相向运动，不断靠近、挤压、碰撞，山脉也就逐渐形成了。

知识速递

地球由外到内可以分为地壳、地幔、地核三个基本圈层（见下图），地壳是最外层，由坚硬的岩石组成，山脉就属于地壳部分。地幔主要由固态物质组成，分为上地幔和下地幔。上地幔的上部存在一个软流圈，温度很高，岩石部分熔融，能缓慢流动。上地幔顶部与地壳都由坚硬的岩石组成，合称岩石圈。

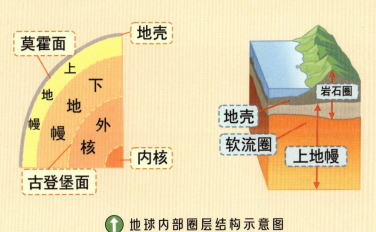

⬆ 地球内部圈层结构示意图

🏔 山在"碰撞"中隆升

当两个大陆板块汇聚时，坚硬的岩石在持续的碰撞、挤压下会发生强烈变形，水平方向会被挤压缩短，垂直方向会隆升加高，山脉逐渐耸起，

↑ 断层山

在这个过程中岩层也就出现了褶皱。有的岩层则扛不住巨大的压力，发生断裂，然后进一步被抬升。这便是地球上的一种典型的造山运动——碰撞造山。欧洲的阿尔卑斯山脉，美洲的落基山脉、安第斯山脉，亚洲的喜马拉雅山脉等都是经过了剧烈而漫长的造山运动后才形成的。

山在"增生"中堆积

当大洋板块和大陆板块碰撞时，因为大洋板块的密度更大，所以会在压力之下紧贴着大陆板块向下俯冲。想象一下这个过程会发生什么？如果把上面的大陆板块看作一台巨大的推土机，那么板块前缘就像是推土机的"推土板"。随着下面大洋板块的俯冲，"推土板"所到之处，大洋板块的沉积物、表层的岩石，甚至一些火山、海岛等都被"刮"起来，依次在大陆板块的边缘堆积起来，成为山脉的重要组成部分。这便是另一种造山运动——增生造山。

有"北美洲脊骨"之称的落基山脉是太平洋板块俯冲到美洲板块之下形成的。有人会产生疑惑，难道落基山脉不是板块碰撞后形成的吗？其实，无论是大洋板块还是大陆板块，只要两个板块汇聚、挤压，都会有不同程度的俯冲、碰撞和增生，只是不同阶段的主要作用不同。在太平洋板块持续向美洲板块俯冲的过程中，强烈的碰撞挤压也对落基山脉的隆起起到了

⬆ 落基山脉景观

决定性的作用。除此之外，岩石在地下受到高温、高压作用的影响时，还会出现变质甚至熔融，灼热的岩浆从薄弱的地表喷出，冷却形成新的岩石，变厚的岩层也让山脉进一步"生长"。在经历了复杂的造山运动后，人们才得以看到今天地球上蔚为壮观的山脉。

第三节 大地的骨架

中国是一个多山的国家，纵横交错的山脉分布在中华大地上。如果把中国比作一条巨龙，拔地而起的山脉就相当于巨龙的骨架，构成了中华大地高低起伏的基本格局。

🏔 中国的主要山脉

为何说中国是多山的国家？中国的地形多种多样，有宽阔平坦、起伏

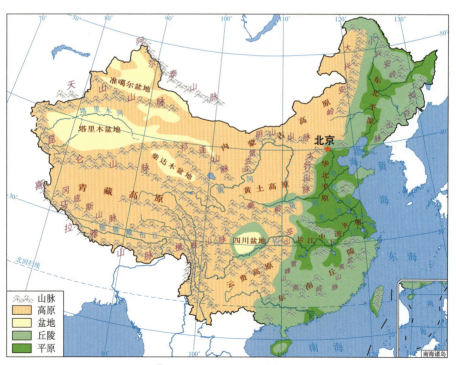

↑ 中国的主要地形区

较小的平原，如东北平原；有四周高、中间低的盆地，如四川盆地；有高高隆起、地形平坦的高原，如内蒙古高原；有起伏不大的低山丘陵，如辽东丘陵；有拔地而起、起伏较大的山地，如太行山脉。其中丘陵、崎岖的高原和山地统称为山区。在中国 960 多万平方千米的土地上，山区面积约占三分之二。

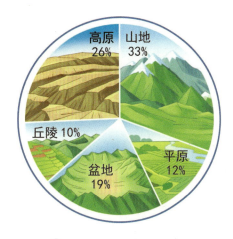

⬆ 中国各地形区的占比

中国主要山脉有哪些？像河流有流向一样，山脉也有走向，山脉的总体延伸方向被称为山脉的走向。根据山脉的走向，我们将中国的山脉分为五大体系，分别是东西走向山脉、东

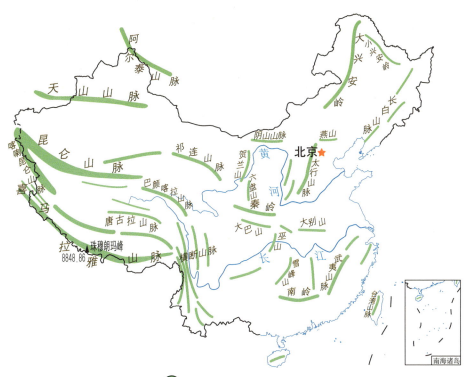

⬆ 中国主要山脉分布图

北—西南走向山脉、西北—东南走向山脉、南北走向山脉和弧形山脉。东西走向山脉主要有三列：北列是天山山脉和阴山山脉，中列是昆仑山脉和秦岭，南列是南岭。东北—西南走向的山脉大都位于东部地区，主要有三列：从东到西依次是台湾山脉、长白山脉—武夷山脉、大兴安岭—太行山脉—巫山—雪峰山。西北—东南走向的山脉大都位于中国的西北地区，主要包括阿尔泰山脉、喀喇昆仑山脉和祁连山脉。南北走向的大山脉较少，典型的有横断山脉和贺兰山。此外还有著名的弧形山脉——喜马拉雅山脉，喜马拉雅山脉也是世界上海拔最高的山脉。

知识速递

中国部分山脉最高峰海拔

山脉	最高峰	海拔／米
喜马拉雅山脉	珠穆朗玛峰	8848.86
喀喇昆仑山脉	乔戈里峰	8611
昆仑山脉	公格尔山	7649
横断山脉	贡嘎山	7508.9
天山山脉	托木尔峰	7443
念青唐古拉山脉	念青唐古拉峰	7162
冈底斯山脉	冷布岗日	7095
怒山	卡瓦博格峰	6740
唐古拉山脉	各拉丹冬峰	6621

🗻 山脉骨架成阶梯

"百川东到海"指出中国的河流大多自西向东流入海洋，而决定河流流向的就是地势。拔地而起的山脉构成中国地势的基本格局，将中国的地势划分成三大阶梯，自西向东海拔依次降低。

喜马拉雅山脉、昆仑山脉、祁连山脉和横断山脉包围着中国地势的第一级阶梯。这里平均海拔在 4000 米以上，是离天空最近的地方，"世界屋脊"青藏高原是这个地区的主体，世界最高峰——珠穆朗玛峰也位于此处。"高"是第一级阶梯的代名词，中国海拔排名前十的山峰大多数分布在第一

⬆ 三江源地区风光

级阶梯。由于气温随海拔升高而降低，所以第一级阶梯的高海拔带来的显著特征就是"冷"。这里的高山上终年有积雪，冰川广布。高山冰雪融水为河湖提供了淡水资源，使得这里成为许多大江大河的发源地，例如，长江、黄河和澜沧江的发源地均位于此处。

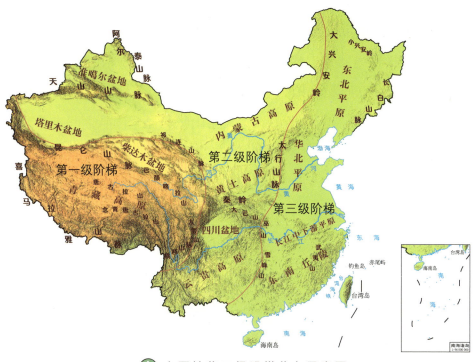

⬆ 中国地势三级阶梯分布示意图

⬆ 黄土高原

　　昆仑山脉、阿尔金山脉、祁连山脉和横断山脉构成我国地势第一级与第二级阶梯的分界线。第二级阶梯海拔为 1000—2000 米。这个地区地势起伏较大，地形以高原和盆地为主。往西北看，新疆地区有独特的地形特点——"三山夹两盆"。阿尔泰山脉、天山山脉和昆仑山脉之间夹着准噶尔盆地和塔里木盆地。第二级阶梯的北部有"天苍苍，野茫茫，风吹草低见牛羊"的内蒙古高原和千沟万壑、支离破碎的黄土高原，中部有四川盆地，南部有崎岖不平、喀斯特地貌广布的云贵高原。

　　穿过第二级阶梯和第三级阶梯的分界线（大兴安岭、太行山脉、巫山和雪峰山），就来到平均海拔最低的第三级阶梯。这是中国地势最为低平的地区，海拔多在 500 米以下，大部分河流在这里向东注入海洋。河流流经这一级阶梯时流速变慢，挟带泥沙的能力变弱，泥沙沉积下来，便形成土壤肥沃的平原，如东北平原、长江中下游平原和华北平原。因气候温和湿润、土壤肥沃、水源充足，所以位于第三级阶梯的大多数地区农业发达，交通便利，经济繁荣，如京津冀、珠江三角洲和长江三角洲三大经济圈均分布在第三级阶梯。

阶梯分界来发电

顺着地势，河流从高一级地势阶梯流入低一级地势阶梯时，落差很大，水流速度非常快，而快速流动的河水蕴藏着巨大的能量。因此，阶梯交界处非常适合建水电站。中国很多大型水电站的选址就在阶梯的交界处，如三峡水电站就分布在中国地势的第二级与第三级阶梯的交界处，它是中国也是世界上最大的水电站。

探索与实践

计算一下中国地势三大阶梯的平均海拔，并试着用木板或者其他材料制作中国地势模型。

第四节 中华名山

中国的名山有很多，每座山都有自己的特点。有的山以雄、奇、秀、幽的景色而闻名，如高大雄伟的泰山、危峰兀立的华山、风光秀丽的峨眉山、曲径通幽的青城山；有的山以色彩而闻名，如"赤壁丹崖"的武夷山脉；有的山则因诗人留下千古绝句而闻名，如"飞流直下三千尺，疑是银河落九天"的庐山。

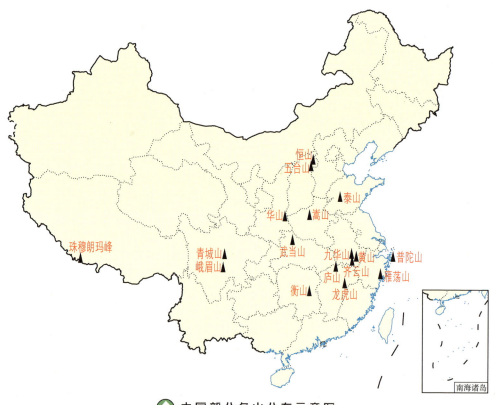

中国部分名山分布示意图

有仙则名

"山不在高，有仙则名。"道教认为山是神仙居住的地方，因此道观常常修建在景色优美的山中。有些山也因流传着神仙的传说而成为名山。《西游记》中孙悟空为解救被困在小雷音寺的师徒，去向真武大帝（尊号荡魔天尊）寻求帮助。真武大帝是道教中赫赫有名的神仙，传说他就是在武当山得道成仙的。此外，相传阴长生、谢允、张三丰等著名道教人物均曾在此山修炼，武当山因此被尊为"道教仙山"。

武当山山势险峻奇特，有"自古无双胜境，天下第一仙山"的美誉，主峰天柱峰海拔 1612.1 米，屹立于群峰之巅。从高空俯瞰，天柱峰四周多座山峰有朝主峰汇聚之势，如同参拜，形成"万山来朝"之势，山峰之间点缀着岩、涧、洞、池等胜景，美不胜收。

让武当山名扬中外的，还有它宏伟的古建筑群。武当山古建筑群是中国现存规模最大

⬆ 武当山古建筑群

的道教宫观建筑群，在建筑过程中遵循"山体本身分毫不能修动"的原则，体现了道教崇尚自然、天人合一的思想。

因声成名

⬆ 鸣沙山

在中国有一座很特别的山，其因为能发出声音而闻名，它就是鸣沙山。鸣沙山位于甘肃省敦煌市，是由沙子堆积而成的，《敦煌录》中记载鸣沙山"盛夏自鸣，人马践之，声震数十里"。即使在晴朗无风的天气，鸣沙山也能发出声音，人走在其中，沙子会发出隆隆的声音，故得名"鸣沙山"。

在鸣沙山的怀抱中有一汪泉水，其经风吹日晒而不干涸，距流沙数十米而不被淹没，因形似一弯新月而得名"月牙泉"。

拓展阅读

鸣沙山能发出声音的奥秘

鸣沙山的鸣沙又叫响沙、哨沙或者音乐沙。关于它发出鸣响的原理，有以下两种解释。

一种说法是沙粒碰撞发出声音。由于鸣沙山位于沙漠地区，植被稀疏，不同方向的风几乎都可以吹到这里。在风长期地吹拂下，鸣沙山的沙粒大小均匀，而且有了孔洞，形成了独特的结构，这些有孔洞的沙子在相互摩擦时，便发出了声响。

　　另一种说法是静电发声。当鸣沙山的沙子在人力或者风力的推动下流动时，含有石英晶体的沙粒便会互相摩擦，从而产生静电。静电放电就发出了声响，无数沙子发出的声音汇集在一起，便声大如雷。

因火成名

　　《西游记》中孙悟空三借芭蕉扇扑灭火焰山的火的故事可谓家喻户晓，那现实中有火焰山吗？有！火焰山位于新疆吐鲁番盆地，属于天山山脉的余脉。其实火焰山并没有火，之所以被称为火焰山，是因为山体由红色的砂岩组成，且当地环境炎热干燥，风力作用明显，火焰山山体表面有一些受风蚀而形成的微沟，看起来像燃烧的火焰，故而当地人称之为"火焰山"。其实，火焰山叫"热山"更合适，其地表温度最高可达89℃，红色山体在烈日照耀下，宛如一条横卧在吐鲁番盆地的赤色巨龙。

↑ 新疆吐鲁番的火焰山

因凉成名

中国既有"火焰山"，也有"清凉山"——莫干山。莫干山位于浙江省德清县西北，素有"清凉世界"的美誉。莫干山林海茫茫，遮天蔽日，凉爽宜人，是中国四大避暑名山之一。传说2000多年前，干将、莫邪夫妇受吴王阖闾之命在此地铸剑，莫干山因此得名。莫干山山峦起伏，风景秀美、云雾缭绕，漫山遍野的竹林摇曳多姿，云海变幻莫测，穿流于山中的泉水清澈冰凉。莫干山以竹、云、泉"三胜"和清、静、凉、幽"四优"吸引着各地的游客。

中国有特点的山非常多，它们因独特的景观、悠久的文化等被世人所知，给人们带来美的享受和精神的滋养。

⬇ 莫干山

第五节 山中有哪些资源？

山包罗万象，山中有丰富的矿产和多样的物种。古人云"天覆地载，山容海纳"，其意是天所覆盖的和地所承载的世间万物，都能被山和海所包容。因此， 山容海纳又经常被用来比喻人的胸怀宽广，如唐代欧阳詹在《送张尚书书》中所言："以尚书山容海纳，则自断于胸襟矣。"

矿产资源种类多

矿产资源是人类生存与社会经济发展的物质基础。中国幅员辽阔，地质环境多样，众多的山脉中蕴藏着丰富的矿产资源，中国现已探明的矿产资源有170多种，真可谓琳琅满目。

你知道矿产资源分类的依据吗？很多人认为，矿产是各种各样的小石块或者泥土，是再普通不过的东西，但他们并不知道这些小石块和泥土的成分是不同的。矿产资源主要是根据其中所含元素的种类及含量进行分类的。

中国的铝、锑、稀土、钛、膨润土、芒硝、重晶石等矿产的储量居世界首位，煤、铁、铅、锌、铜、银、汞、锡、镍、磷灰石、石棉等矿产的

矿产资源
- 金属矿产资源
  - 黑色金属——铁、铬、锰及其合金
  - 有色金属——除铁、铬、锰及其合金以外的其他金属，如金、银、稀土、钛等
- 非金属矿产资源——硫矿、磷矿、钾盐、硼矿、重晶石、石墨、高岭土、石膏等

储量也居世界前列。

如果再进行细分归类，还可以将矿产资源分成金属矿产资源和非金属矿产资源。金属矿产又可以分为黑色金属和有色金属。

主要金属矿产

▲ 铁　　● 铅锌
◣ 锰　　○ 锡
⊕ 钛　　● 锑
△ 镍　　◐ 汞
Ⓦ 钨　　▲ 铝土
∅ 钼　　● 金
▬ 铜　　▲ 稀土

主要非金属矿产
▲ 硫　　◆ 菱镁矿
△ 硫铁矿　● 磷
◆ 萤石　　△ 钾盐

⬆ 中国主要矿产分布示意图

由于有色金属具有种类多、用途广、难冶炼等特点，国家专门设立了有关机构来研究有色金属矿产的开发、冶炼和应用。北京、上海、广州、兰州、沈阳等地均设立了有色金属研究院。

山里有哪些野生动物？

在中国的群山之中，生活着很多具有特色的动物。东北大兴安岭中的东北虎是少见的分布在寒冷地区的虎；青藏高原上的牦牛与平原地区的黄牛和水牛有着巨大差别；还有活动于山区溪流附近的朱鹮，在人们的不断努力下，数量正在逐渐壮大。

中国的野生动物物种丰富，陆生脊椎动物有 2900 多种，占世界全部种数的 10% 以上，其中珍稀濒危种类较多，如东北虎、褐马鸡、雪豹、藏羚羊、黑颈鹤、朱鹮、川金丝猴、大熊猫等。

⬆ 朱鹮

⬆ 褐马鸡

⬆ 川金丝猴

⬆ 雪豹

⬆ 黑颈鹤

⬆ 藏羚羊

⬆ 东北虎

⬆ 大熊猫

拓展阅读

百兽之王——东北虎

长白山地区是东北虎的家园。东北虎又叫西伯利亚虎，主要生活在中国东北部及俄罗斯远东地区。东北虎体形硕大，成年雄性东北虎体重平均约 250 千克，是体形最大的虎。一身有黑色条纹的黄色浓密厚毛是其穿行在山林间绝佳的"隐身衣"；前额的"王"字形黑纹使它看上去勇猛威武，故而东北虎有着"百兽之王"的美誉。

山，造就了多种多样的植物

东北大兴安岭有针叶林、针阔混交林，秦岭有阔叶林，海南尖峰岭有热带雨林……不同的山生长着不同的植物。

"一山有四季，十里不同天"说的是地形地势因素对气候的影响。有时，山顶白雪皑皑，山下已是春暖花开。也正因此，即使是同一座山，不同海拔或者不同的坡向，生长的植物也不尽相同。

↑ 针叶林

↑ 阔叶林

↑ 热带雨林

↑ 高原植被

你知道吗？被称为"世界三大高山花卉"的杜鹃花、报春花和龙胆大都来自中国的山地或高原，它们绚丽的色彩和独特的花形受到全世界植物学家、园艺学家的青睐。

　　杜鹃花是一类花的总称，全世界共有 900 多种杜鹃花，其中有 500 多种生活在中国。在中国西南部的横断山区既有高一二十米的大树杜鹃，也有高度不足 10 厘米的紫背杜鹃，花色更是有粉、白、黄、红、绿等颜色，美不胜收。

　　有些植物不但美丽，而且具有神奇的药效。在中国的湖北省西部有一座连绵的大山叫作神农架，传说是神农尝百草的地方。特殊的山地环境和气候特点使得这里成为一座植物宝库。这里具有药用价值的植物超过 1800 种，有"天然药园"之称。

⬆ 杜鹃花

⬆ 报春花　　　　　　　　　⬆ 龙胆

第二节 "摘山"有度，促进发展

"摘山"指对山中的资源进行开发及利用。"摘山"可使国家经济发展、富裕强大，但人们在"摘山"过程中也要把握好度，要科学合理地开发山中资源，走可持续发展之路。

摘山发展意义大

中国地大物博，有广阔的平原、浩瀚的海洋，为何还要进行山地开发？《宋史·李继和传》有言："以朝廷雄富，犹言摘山煮海，一年商利不入，则或缺军须。"由此可知，在古代，开山炼铁、煮海取盐是国家的主要经济来源。自汉武帝时起，盐铁官营制度就已被建立，山泽之利可见一斑。

山区除了琳琅满目的矿产资源，还有丰富的水力资源、生物资源、旅游资源等。随着现代经济的发展和人口的增长，人们所需要的资源越来越多，未来山地资源的开发也越来越重要。

山地旅游创特色

为加强对山地资源的保护，我国修订完善了《中华人民共和国土地管理法》《中华人民共和国矿产资源法》《中华人民共和国环境保护法》《中华人民共和国森林法》等法律。随着对山地资源保护力度的加大，近年来，我国山地开发大多转向了景观旅游。如何进行山地旅游资源的特色开发，

使山区的经济、社会、生态协同发展呢？目前，人们进行了三方面的摸索。

拓展旅游功能。在当前城市化加速推进的背景下，人们很渴望在闲暇之余能够到大自然中放松心情，因此，民众普遍关注山地旅游资源的开发。山地千年古树、清泉瀑布众多，空气中负氧离子含量高，是天然氧吧。除自然景观外，山中的景区还可以增加运动休闲项目，如林地探险、抱石攀岩等，增添游客度假休闲的乐趣。

产业融合发展。中国是茶的故乡，种茶历史悠久，茶树品种众多，这些为生态茶园和观光茶园的建立

高山漂流

奠定了良好基础。人们将休闲观光旅游和农业生产相融合，开发了如生态茶园、农业采摘园、茶舍民宿等集生产、观光、采摘、休闲娱乐于一体的特色旅游体验模式，实现从观光旅游向体验旅游的转变。

文旅融合发展。随着物质生活水平的提升，很多人去山区旅游时，已经不再满足于传统的看美景、吃美食，还希望能体验山区的特色文化，文

化与旅游融合逐渐成为山地开发的创新点。例如，山东省济宁市的水泊梁山景区，充分挖掘水浒文化，将水浒文化与当地旅游资源充分融合。

📈 科学"摘山"显成效

过去，由于人们缺乏科学方法与战略眼光，山地资源的开发模式通常是"先污染、后治理"，但事实证明，这种模式不仅代价不菲，往往还得不偿失。如何既发展了经济，又保护了生态，还使开发别具特色，是很多地方在开发山地资源过程中面临的难题。

朱鹮是国家一级保护动物，被动物学家誉为"东方宝石"。它们对生存环境要求苛刻，其栖息地需要同时具备森林系统和湿地系统，森林作为它们的繁殖地和夜宿地，湿地作为它们的觅食场所，两者缺一不可。因此，

⬇ 生态茶园

在朱鹮保护区，人们既不能砍伐林木，也不能捕鱼、挖沙，种植庄稼也不能喷洒农药。陕西省汉中市洋县被称为"朱鹮之乡"。当地政府调整经济结构，通过建设好生态环境促进绿色产业发展。例如，通过与科研机构合作，成立"产、学、研"基地，尝试种植有机稻、有机梨、魔芋等高附加值的农作物等……不仅使洋县经济得到了发展，还获得了高收益，发展后劲更足。

正如宋代朱熹在《四书集注》中所言："适可而止，无贪心也。"凡事需要把握好度，适可而止，不能贪得无厌、一味索取。只有科学合理地进行山地资源的开发，才能既促进经济发展，使人民富裕，又保护生态，使山地资源得以可持续利用。这才是"绿水青山就是金山银山"发展理念的充分体现。

第一章 水

第一节 江河孕育文明

河流与人类的关系最为亲密，人们几乎很难想象世界上有哪一条河流完全没有人类的足迹。河流就像是流淌在地球上的"蓝色血脉"，它塑造了富饶的平原，为众多动植物提供了栖息地，也无私地哺育着人类。可以说，水不仅是生命之源，还是孕育人类文明的甘露。

人类文明起源于大江大河？

纵览世界历史，不难发现，文明的诞生总是离不开大江大河，如世界四大文明中的中华文明诞生于长江、黄河流域，古印度文明诞生于印度河流域，古埃及文明诞生于尼罗河流域，古巴比伦文明诞生于两河（底格里

世界四大文明发源地地理位置示意图

斯河、幼发拉底河）流域。由此可见，大江大河为人类开创了文明的舞台。

在人类文明诞生之前，人类就已经是自然界中强大的猎食者之一了。在远古时期，人类依靠石块、兽骨等制作各类工具猎取动物，采集植物的果实。他们结成群体生活在一起，共同进行获取食物的劳动，甚至能够在严寒的西伯利亚地区猎杀巨大的猛犸象。时至今日，世界上依然有非常原始的人类部落——部落里没有复杂的社会分工，没有文字和城市，部落里的人们过着纯粹、远离现代文明的原始生活。

随着时间的推移，远古人类慢慢开始了定居生活，一些被大江大河眷顾的远古人类逐渐走上了一条全新的道路。依靠大江大河生存的部落意识到，靠狩猎只能生存而无法发展，于是，他们逐渐放弃了原始采集和狩猎，开始利用创造的工具从事农业生产——种植作物、驯养动物。随着生产力的发展及相应的物质、精神水平的提高，社会分工逐渐细化，阶级逐渐形成，而文明的浪花也在大江大河边欢呼跳跃，终成气候。

黄河流域是中华文明的发源地

黄河是中国的第二大河，它在中华文明的演进过程中占据着极为重要的地位。黄河是中华民族的根，它与长江一起孕育了中华文明，同时也见证了中国历史的兴衰、朝代的更替。

自三皇五帝至北宋，历代王朝的国都大多位于黄河中下游地区，古人将这一中华文明的中心地区称为"中原"。中原是中华文明的发源地，黄河是中华文明的源头之一。

先秦时期，黄河流域气候温和，雨量丰沛，适宜作物的生长和人类的生活。黄河流经世界上最大的黄土堆积区——黄土高原，黄土高原和由黄河冲积而成的平原土质疏松、土壤肥沃，因此成为先民生存和繁衍的适宜地区。尤其是黄河中下游地区，这里地势平坦广阔，再加上河流将上游和中游的泥沙冲积到此，带来大量的肥沃土壤，更有利于农业的发展。

正是由于黄河流域的气候、土壤等耕作条件之间的优化组合，为文明之花的绽放提供了得天独厚的条件。2019 年，习近平总书记在黄河流域生态保护和高质量发展座谈会上指出："千百年来，奔腾不息的黄河同长江一起，哺育着中华民族，孕育了中华文明。早在上古时期，炎黄二帝的传说就产生于此。在我国 5000 多年文明史上，黄河流域有 3000 多年是全国政治、经济、文化中心，孕育了河湟文化、河洛文化、关中文化、齐鲁文化等，分布有郑州、西安、洛阳、开封等古都，诞生了'四大发明'和《诗经》、《老子》、《史记》等经典著作。九曲黄河，奔腾向前，以百折不挠的磅礴气势塑造了中华民族自强不息的民族品格，是中华民族坚定文化自信的重要根基。"

为何大江大河能孕育文明?

纵观大河文明的发展史，人们会发现，幼发拉底河、底格里斯河、尼罗河、印度河、黄河、长江这些大江大河能孕育出伟大文明并非偶然，而是自然和社会环境共同作用的结果。

第一，大江大河是人类繁衍生息的基础。大江大河源远流长，其从源头到入海口一般要流经高原、山脉、丘陵、平原。大江大河在流淌的过程中，能将裹挟的泥沙带到平缓地区并使其逐渐沉淀堆积，形成冲积平原，给人类和各种动植物创造出生存的条件。

第二，大江大河为人类提供了最原始的交通运输条件。在生产力水平低下、地理知识贫乏的古代，人类要翻越高山峻岭、穿过丛林荆棘之地相当困难。但是沿河上下，不仅可以采集到食物，还不会迷失方向，这为人

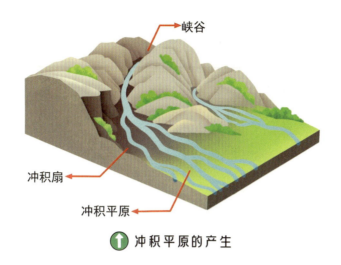

峡谷

冲积扇

冲积平原

↑ 冲积平原的产生

类拓展生存空间提供了便利。同时，人类也在随水漂流的过程中发明了木筏、舟和船，发展了航运。

第三，大江大河给人类以灌溉之利。在进入新石器时代后，人类学会了利用水灌溉农田，使农业生产能够为人类提供稳定的物质供给。"灌溉之利，农事大本。"如战国时期李冰修建的都江堰、水利专家郑国开凿的郑国渠都是引水灌溉的伟大工程。

第二节 水循环

《黄帝内经·素问》中说"清阳为天，浊阴为地。地气上为云，天气下为雨。雨出地气，云出天气"，意思是大自然的清阳之气上升为天，浊阴之气下降为地；地气蒸发上升为云，天气凝聚下降为雨；雨是地气上升之云转变而成的，云是由天气蒸发水汽而成的。这说明古人很早之前就已经观察到了水循环的现象。水循环时刻都在进行着，水以固、液、气三种形态在自然界不断循环变化。

知识速递

水的形态及变化

水是自然界中唯一固态、液态、气态三种形态同时并存的物质。固态的水一般就是冰、雪、霜等，液态的水在生活中最常见，广泛存在于江河湖海，以及每个人的身体中；气态的水指地球外围的大气层中的水汽，它们飘浮在空中，看不见，摸不着。

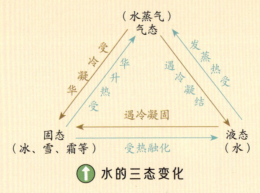

⬆ 水的三态变化

什么是水循环?

　　所谓水循环,是指在太阳辐射和地球引力的共同作用下,大气、地表、岩石空隙等中的水分以蒸发、水汽输送、降水和径流等方式周而复始进行的循环。水循环将地球上各种水体组合成一个连续、统一的水圈,使得各种水体能够长期存在,而且使水分在循环过程中进入大气圈、岩石圈和生物圈,将地球上的四大圈层紧紧地联系在一起。如果没有水循环,地球上的生物圈将不复存在,岩石圈、大气圈也将改观。也正是有了水循环,才有了奔腾不息的江河。

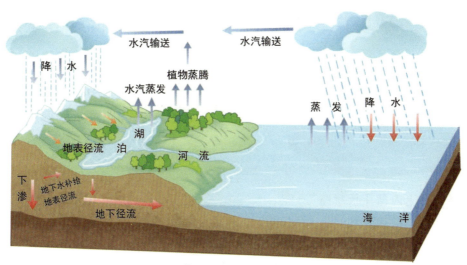

⬆ 水循环示意图

知识速递

水循环的三个主要环节

　　蒸发(蒸腾):在太阳辐射作用下,海洋、湖泊和河流等水体表面的一小部分水转化为水汽,上升并聚集在大气中。当蒸发发生在活的植物体表面时,被称为"蒸腾作用"。

> 降水：云中的小水滴或者小冰晶聚集后变大形成雨滴或者雪花，以降水的形式落回地面。降水的形式有雨、雪、冰雹等。
>
> 径流：冰雪融水和降落在地面上的雨水，有一部分从高处往低处流，然后流入湖泊、河流或海洋，有一部分渗入地下，在土壤、岩层空隙中流动。

水循环的类型及其过程

通过前面的介绍，我们知道自然界的水循环是时刻都在进行着的。根据发生的空间范围，水循环可分为海上内循环、海陆间循环和陆地内循环。

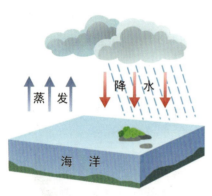

↑ **海上内循环示意图**

海洋面积占据了地球表面积的 71%，广阔的海洋表面在太阳的照射下，会蒸发产生大量水蒸气，部分水蒸气在上升过程中会遇到冷空气凝结成小水滴，这些小水滴聚集到一定量时，会以降水的形式回到海洋当中，这就是海上内循环。

值得一提的是，海面上蒸发的水蒸气并不是全部都能以降水的形式重新回到海洋中，还有一部分水蒸气会被气流带到陆地上空，这个过程叫水汽输送。当这部分水蒸气到达陆地上空并遇到合适的条件后，就会以降水的形式落到地面上。

中国东部地区的大部分降水是由太平洋输入的水汽形成的，而中国东西南北跨度大，也能受到来自印度洋、大西洋和北冰洋水汽的影响。其中，来自大西洋和北冰洋的水汽对中国的影响很小。

西藏自治区的墨脱县被称为中国"雨都"，其年均降水量在 2358 毫米以上，最大年降水量可达 5000 毫米，原因就是这里背靠喜马拉雅山，面向孟

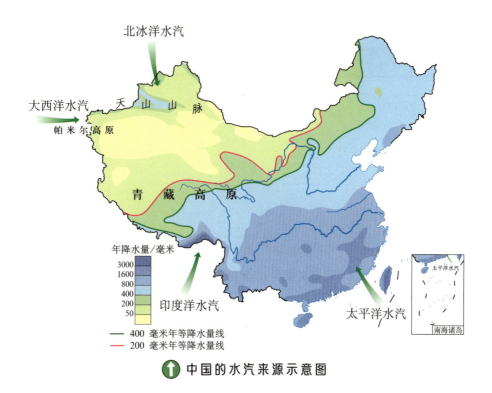

北冰洋水汽

大西洋水汽

天　山　山　脉

帕米尔高原

青　藏　高　原

年降水量/毫米
3000
1600
800
400
200
50

印度洋水汽

太平洋水汽

—— 400 毫米年等降水量线
—— 200 毫米年等降水量线

太平洋水汽

南海诸岛

⬆ 中国的水汽来源示意图

加拉湾，来自印度洋的大量水汽源源不断地向青藏高原内部输送，形成了大量降雨。

赛里木湖，地处新疆伊犁河谷北侧，被称为"大西洋的最后一滴眼泪"。它是新疆面积最大、海拔最高的高山湖泊。赛里木湖的水源主要来自大气降水——来自大西洋的水汽经过 6000 多千米的输送，在新疆北部形成降水。

来自北冰洋和大西洋的水汽还成就了位于新疆阿尔泰山的可可托海国际滑雪场。可可托海虽然地处内陆，但由于有源源不断的北冰洋和大西洋水汽的输入，当地降雪量大、雪质好，可可托海国际滑雪场因此成为中国著名的滑雪场之一。

这一系列的水汽以不同的降水形式回到地面，有的汇集成江、河、湖等地表径流，有的下渗到地下，形成地下径流，成为地下水。最后，大部

⬆ 赛里木湖地形示意图

⬆ 海陆间循环示意图

分径流会注入海洋，如额尔齐斯河最终注入了北冰洋，澜沧江最终注入了印度洋，长江、黄河、珠江则最终注入了太平洋。这一水循环过程就是海陆间循环。

有一首古诗与水汽输送相关，即唐代诗人王之涣的《凉州词》。诗中"羌笛何须怨杨柳，春风不度玉门关"两句实际上说的就是来自海洋的水汽的影响范围是有限的，除了玉门关，中国西北地区受海洋水汽的影响相对比较小，所以那里沙漠广布。中国西北地区的水汽主要来源于当地河流、湖泊的蒸发和植物的蒸腾，这些水汽遇冷凝结后又降落到陆地上，而这一循环过程便是陆地内循环。陆地内循环虽水量小，但对中国干旱的西北地区来说至关重要。

以上就是水循环的三种类型。水循环过程中各环节交错并存，情况比较复杂。比如降水现象，在适当的条件下，可随时、随地出现，这样在局部地区就可以构成相对独立的水循环。这些大大小小的水循环周而复始，不断地滋润着中华大地，源源不断补充着中国的水资源。当然，水循环的作用还有很多，水循环是"调节器"，它

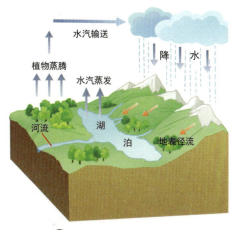

陆地内循环示意图

能通过蒸发吸收热量，通过降水放出热量，实现地球不同地区之间的能量交换；水循环是"雕塑家"，塑造了丰富多彩的地表形态，如长江在其上游塑造出虎跳峡等诸多峡谷，在入海口又塑造了长江三角洲，使其成为中国自古以来最繁荣富庶的地区之一；水循环还是地表物质迁移的强大动力，如黄河源源不断地将黄土高原的泥沙带入渤海。

水循环是地球上最主要的物质循环之一，它把地球上所有的水都纳入一个综合的自然系统中。正是有了水循环，地球上的水量才总是保持着平衡，各种水体的水才得以不断更新。水循环对人类具有非常重要的意义，它使咸的海水不断通过蒸发变成淡水降下来，以供人们使用。年复一年永不停息的水循环，让地球表面千姿百态，生机盎然。

探索与实践

每个地方都存在水循环，你能思考一下离你最近的一条河或者一个湖参与的是什么类型的水循环吗？它们的水源又是从哪里来的呢？

第三节 中国河流之最

在中国 960 多万平方千米的土地上，分布着众多的河、湖、冰川等。据统计，全国流域面积在 50 平方千米及以上的河流约有 4.5 万条，总长度约 150.85 万千米。其中，长江、黄河、珠江、松花江、淮河、海河、辽河是中国七大河流，总流域面积为 430 多万平方千米，接近中国陆地总面积的一半。而这七条大河的流域中，又有着许多有趣的河流，它们有的长，有的短，各有特色。

知识速递

流域，指由地面分水线包围、具有流出口的汇集降水的区域。分水线，就是相邻流域的分界线，通常是分水岭最高点的连线。在山区，分水线就是山脊；在平原，则常以堤防或岗地为分水线。如果用平底锅来类比，平底锅的锅沿相当于是分水线，平底锅的锅底就相当于是流域。

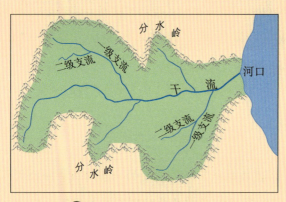

⬆ 水系与流域示意图

⬆ 平底锅类比流域示意图

中国流域面积最大、流经省区最多的河流——"江王"长江

长江发源于青藏高原唐古拉山脉的各拉丹冬峰，流经青海、西藏、四川、云南、重庆、湖北、湖南、江西、安徽、江苏等省市自治区，最终在上海注入东海，全长 6300 多千米，其长度仅次于非洲的尼罗河和南美洲的亚马孙河，流域面积达 178.3 万平方千米。长江的水量和水力资源十分丰富，三峡水电站、白鹤滩水电站、乌东德水电站、向家坝水电站等齐聚长江。除此之外，长江中还有扬子鳄、中华鲟、鲥鱼等珍稀动物。这样看来，长江真不愧是中国的"江王"。

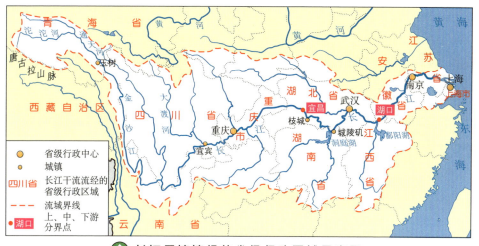

↑ 长江干流流经的省级行政区域示意图

含沙量最大、决堤次数最多的河流——"沙王"黄河

黄河是中国的第二长河，全长 5464 千米，流域面积 79.5 万平方千米。虽然黄河的年径流量排在长江、珠江、黑龙江、雅鲁藏布江、澜沧江、怒江之后，但其含沙量是全国最大的，堪称中国河流界的"沙王"。

每年，来自黄土高原的泥沙源源不断地进入黄河，这些泥沙有一部分会在黄河入海口淤积，使黄河三角洲的面积不断扩大；还有一部分会淤积在黄河下游，抬高河床。为了防止洪水灾害，黄河下游地区的人们被迫不断加高河堤。因此，黄河下游形成了地上河。当夏季暴雨集中，河水猛涨时，一旦河面高过河堤，势必会造成河堤决口，引发洪灾。历史上，黄河下游决口1500多次，这使黄河成为中国决堤次数最多的河流。黄河决口曾给中国人民带来深重的灾难。中华人民共和国成立后，黄河得到有效治理，特别是小浪底等一系列水利枢纽工程的建设，有效地控制了黄河泛滥，减缓了下游河道的淤积。

⬆ 黄河干流流经的省级行政区域示意图

🌍 中国海拔最高、最长的高原河流——"高原拐王"雅鲁藏布江

之所以称雅鲁藏布江为"高原拐王"，是因为雅鲁藏布江发源于喜马拉雅山脉北麓的杰马央宗冰川，它自西向东贯穿西藏南部地区后，在喜马拉

雅山脉东端突然来了一个大拐弯，绕过南迦巴瓦峰，最终浩浩荡荡地流进了印度洋。

雅鲁藏布江是一条国际性河流，流经中国、印度、孟加拉国，它在流出中国后被称为布拉马普特拉河。

雅鲁藏布江的奔腾入海之路还是"能源之路"。据有关专家估计，雅鲁藏布江干流的水能资源蕴藏量有近 8000 万千瓦，而这些水能资源又集中分布于"大拐弯"地区。在短短 50 千米的直线距离内，雅鲁藏布江干流跌落近 2000 米，巨大的落差和较大的径流量使这个河段蕴藏着超过三座三峡水电站的水能资源。目前，中国已经在雅鲁藏布江的中小支流和支沟上兴建了一些水电站，未来这些地区可能会成为中国重要的能源基地呢！

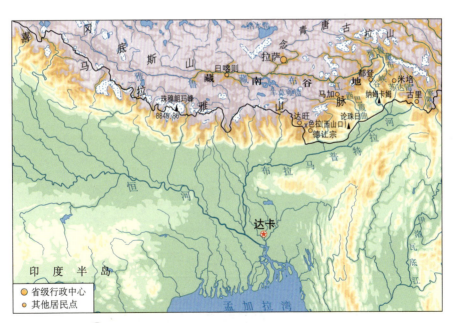

↑ 雅鲁藏布江—布拉马普特拉河流经区域图

🌱 中国内流区第一长河——"内陆河王"塔里木河

塔里木河位于新疆塔里木盆地北部，由源出天山山脉、喀喇昆仑山脉和昆仑山脉的河流交汇而成，它沿塔克拉玛干沙漠北缘，穿过阿克苏、沙雅、库车、轮台等县（市）的南部，最后流入台特马湖。从叶尔羌河源头起算，塔里木河全长 2137 千米（肖夹克以下长约 1100 千米）。塔里木河虽然流程较长，但因地处中国最干旱的盆地内部，距海遥远，所以最终没能流入海洋。塔里木河是中国内流河中的第一长河，可谓中国的"内陆河王"。

塔里木河是塔里木盆地的"母亲河"，天山以南的所有绿洲基本都靠塔里木河灌溉。由于流经区气候干旱，植被稀少，塔里木河沿线生态环境十分脆弱。20 世纪 90 年代，由于不合理拦水、用水，塔里木河下游近 400

⬇ 塔里木河生态美景

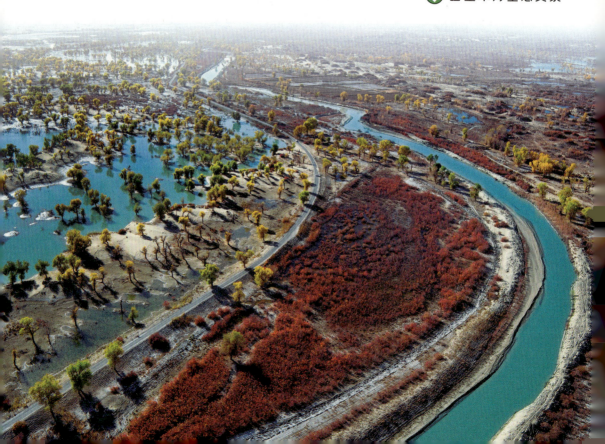

千米的河道断流，台特马湖干涸，大片胡杨林死亡。

　　由于气候变化，加上人类活动的影响，塔里木河的水量一度变少，流程也变短了，但经过人们多年的治理，塔里木河逐渐恢复生机，水量不断增多，其两岸的生态也得到明显改善。

拓展阅读

　　内流河，也称"内陆河"，指不能流入海洋的河流。内流河大多分布于大陆内部干燥地区，以上游降水或冰雪融水为主要补给水源，中、下游因降水稀少，蒸发量大，中途消失于沙漠或注入内陆湖泊。

　　外流河，指直接或间接流入海洋的河流。

中华文明与水为伴，逐水而兴。在广袤富饶的中华大地上，大江大河奔流不息，湖泊湿地点缀其间，神州水脉哺育着亿万子孙。那么中国到底拥有多少水资源呢？这些水资源的分布特点是怎样的？中国水资源"家底"的揭秘又能给人们带来哪些启示呢？

中国的水资源情况

通常，人们会说地球上"三分陆地七分水"，既然有这么多的水，是不是这些水永远流不干、用不完呢？其实，"三分陆地七分水"说的并不是地球上的水陆资源总量比例，而是地球表面的水陆面积比例，即在地球表面，海洋大约占71%的面积，陆地大约占29%的面积。如果把地球比作一个篮球，那么地球上的总水量则比一个乒乓球还要小一些，而且这么少的水资源并不是全部都能为人类所用。

通常人们所说的水资源是指真正能够利用的淡水资源。中国淡水资源总量平均值为2.8万亿立方米，占全球水资源总量的6%，

⬆ 地球（篮球示意）与地球上的总水量（乒乓球示意）对比示意图

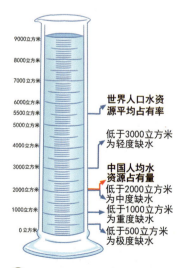

9000立方米	
8000立方米	
7000立方米	
6000立方米	世界人口水资源平均占有率
5500立方米	
5000立方米	低于3000立方米为轻度缺水
4000立方米	
3000立方米	中国人均水资源占有量
2000立方米	低于2000立方米为中度缺水
1000立方米	低于1000立方米为重度缺水
0立方米	低于500立方米为极度缺水

⬆ 中国人均水资源量低于世界平均线

位于巴西、俄罗斯、加拿大、美国和印度尼西亚之后，居世界第六位。从整体看，中国水资源总量不算太少，但是，由于中国人口众多，人均水资源占有量只有 2000 立方米。如果把世界人均水资源占有量看作"1"的话，中国人均水资源占有量仅为 0.36。所以，中国是全球人均水资源贫乏的国家之一。尤其是北京、天津、河北、河南、山东等九个省市，人均水资源占有量远低于国际公认的人均 500 立方米的极度缺水警戒线。

中国水资源的分布

中国的水资源总量较为丰富，但是存在着一些不能完全适应人们生活、生产活动的问题，即在空间和时间上分配不均匀。

首先，中国水资源的地区分布很不均匀，南方多，北方少，相差悬殊。北方六个水资源区（松花江区、辽河区、海河区、淮河区、黄河区和西北诸河区）的面积占全国水资源总面积的 63.5%，耕地面积占全国耕地总面积的 60.5%，而水资源总量却只占全国水资源总量的 19.1%。南方四个水资源区（长江区、珠江区、东南诸河区、西南诸河区）的面积占全国水资源总面积的 36.5%，耕地面积占全国耕地总面积的 39.5%，而水资源总量却占全国水资源总量的 80.9%。

其次，中国水资源年内分配不均，造成旱涝灾害频繁。中国大部分地区受季风气候影响，降水量的年内分配极为不均，大部分地区年内连续 4 个月降水量约占全年总降水量的 70%，南方大部分地区连续最大 4 个月径流量占全年径流量的 60% 左右，而华北、东北的一些地区可达全年径流量的 80%。

中国水资源年际变化也较大，七大江河普遍具有连续丰水年或枯水年的周期性变化，丰水年与枯水年水资源量的比值，南方水资源区为 3~5，北方水资源区最大可达 10。水资源时间分配上的不均，造成北方水资源区干

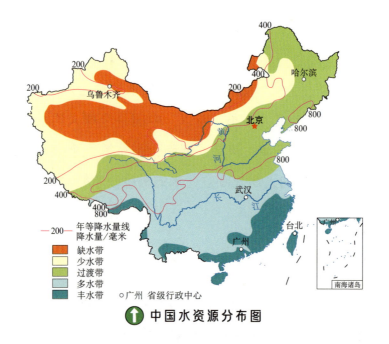

中国水资源分布图

旱灾害和南方水资源区洪涝灾害频繁发生，也使南方水资源区常出现季节性干旱缺水。

水资源短缺有什么影响？如何解决水资源短缺？

水对于生存至关重要，水资源短缺会影响社会、经济等多个领域。在农业方面，水是保障农作物茁壮生长、粮食产量的关键，农作物生长、粮食生产需要用到大量的水；在工业方面，水是工业生产的血液，被广泛用于工业品生产、工业设备清洗等方面；在生态方面，水是森林、湖泊和湿地等生态系统的生命源泉；对于个人来说，水资源短缺会直接影响到生活的方方面面，像洗澡、洗衣服、烹饪等日常的生活环节都难以维持……

以京津冀地区为例，尽管这里有海河水系的滋养，但水资源仍然非常短缺。这里的降水集中在每年的 5—10 月，由于降水年际变化大，因此每年降水总量不等。然而，这里的人口非常密集，农田面积大，工业规模较大，水资源消耗强度也大，以至海河大部分支流出现断流，生产生活转而较多地使用地下水。

由于地下水消耗量大，京津冀地区的地下水位大幅度下降，形成"地下水漏斗"，这不仅可能导致海水入侵，地下淡水盐碱化，还会诱发地面沉降和地裂缝等。

↑ 京津冀地区历年地下水埋深示意图

为了缓解京津冀地区水资源短缺的问题，中国在 2002 年实施南水北调工程，从水资源相对充足的南方地区向北方地区输送水资源，其中东线工程和中线工程直达京津冀地区，最终补给的就是海河流域。

跨流域调水可以解决水资源空间分布不均的问题，那么水资源时间分配不均的问题又该如何解决呢？答案是修建水库等蓄水工程。水库作为综合性的水利设施，在河流的丰水期蓄水，枯水期放水，从而调节河流水量的季节变化，提高供水能力。如密云水库是目前北京最大的水库，其上游的潮河和白河是它的天然水源，密云水库经由京密引水渠为北京供水。

值得注意的是，修建水库和调水工程都不能从根本上解决中国的水资源短缺问题，建设节水型社会才是解决中国水资源短缺问题最根本、最有效的战略举措。

第五节 我们的生活用水

水是生存之本、文明之源。人们的生产、生活和城市的繁荣发展离不开水。对于一些气候原因导致的水量减少，或因人口不断增长导致用水量增加的城市来说，需要有源源不断的各方水源的供给，来解决城市缺水的问题，以保障城市的用水安全。

生活用水及类型

水是人类生活中必不可少的物质，它直接关系到人类生存和社会的稳定。随着城市的快速发展，城市用水需求量也与日俱增。在我国，城市缺水问题已经成为当前影响国民经济和人民生活质量的一个突出问题。在城市中，生活用水是人们生活中最重要的一类用水。那么，什么是生活用水呢？

生活用水是指人们日常生活所需要的水，包括城镇生活用水和农村生活用水。城镇生活用水由城镇居民生活用水和公共用水（含服务业、餐饮业、建筑业等用水）组成，其中城镇居民生活用水又可以细分为饮用水和卫生用水，卫生用水包括厨房用水、盥洗用水、生活杂用水和冲厕用水等；公共用水包括机关团体、科教、文卫等行政事业单位和影剧院、娱乐中心、体育场馆、展览馆、博物馆等公共设施用水和消防用水等。农村生活用水主要包括人饮用水和家畜饮用水等。

生活用水从哪来？

　　城市是人类生产、生活的重要空间载体，水是支撑城市经济社会发展的重要资源。随着城市人口数量的不断增加，城市用水量也不断加大。2022 年《中国水资源公报》显示，2022 年全国生活用水量为 905.7 亿立方米，占全国用水总量的 15.1%，其中居民生活用水量为 647.8 亿立方米。据统计，1997 年至 2022 年，全国生活用水量增加 380.55 亿立方米，年均增长率约 2.9%。

　　用量如此庞大的生活用水是从哪里来的呢？生活用水水源主要为地表水和地下水，少量非饮用生活用水水源为再生水，不同区域的水源结构有

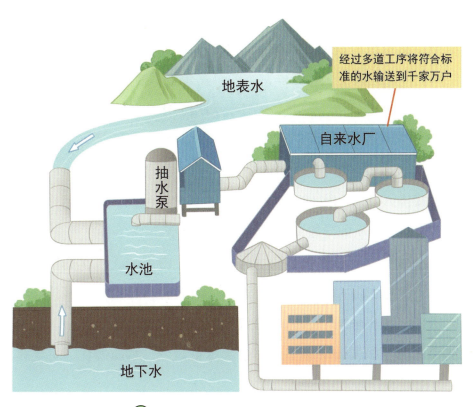

经过多道工序将符合标准的水输送到千家万户

地表水

自来水厂

抽水泵

水池

地下水

⬆ 居民生活用水处理过程示意图

所不同。当然，人们所使用的生活用水并不是直接从地表水和地下水中取出来的，而是先在地表水或地下水水源地设置取水口，然后通过水泵加压及输水管的传输，将水送入自来水厂中，自来水厂会对水进行净化、消毒等处理，在水质符合国家标准后才将水输送出厂。就这样，水"走入"千家万户。

城市出现缺水的原因

随着城市和工业的快速发展，城市用水量逐年递增，我国水资源紧缺形势日益加剧，在全国 660 多个城市中，有 400 多个城市存在不同程度的缺水问题，而这 400 多个缺水城市中又有 136 个城市缺水情况严重。那么，是什么原因导致城市缺水的呢？导致城市缺水的原因较多，其中包括：

第一，水资源短缺是导致城市缺水的主要原因。由于水资源分布在时间和空间上存在巨大变化和差异，水的供需矛盾不断加大。如 2022 年夏季，长江流域出现严重旱情，湖北、湖南、四川、重庆等多个省市受灾，给人们的生产、生活带来了不便。

第二，水源污染是导致城市缺水的另一个主要原因。城市中的污水未经处理直接排入水域，致使地表水和地下水受到污染，直接后果是一些水源被迫停止使用，从而导致或者加剧了城市缺水。

第三，用水浪费导致城市缺水问题严重。由于缺乏科学的用水定额和管理，生产、生活耗水量大，水的浪费现象相当普遍。

第四，过量开采地下水也是导致城市缺水的重要原因之一。过量开采地下水会使地下水失去动态平衡，引起水量减少、水质恶化，甚至是水源枯竭。

如何解决城市缺水问题？

缺水是中国许多城市普遍面临的严重问题，在我国 400 多个缺水城市中，北方城市大多表现为资源型缺水，南方城市则是水质型缺水和浪费型缺水情况比较普遍。从全国范围来看，我国的城市缺水固然有水资源短缺的原因，但主要是供水设施不足、水源污染和水浪费所致，而这三种类型的缺水都是可以通过人的努力加以克服的。因此，解决城市缺水问题的唯一方法是"开源节流"。

"开源"即在合理开发利用常规水资源的同时，也要重视替代水资源的开发，包括海水利用、雨水利用、跨流域或地区调水等多种途径。比如沿海缺水城市可以用淡化后的海水替代淡水，通过海水淡化间接利用海水资源，将海水用作工业冷却水及特定行业的生产用水，这样能够有效缓解水资源紧缺的局面。而北方资源型缺水城市可以通过跨流域或者跨区域调水，

🟢 南水北调工程线路示意图

对缺水地区进行补水。跨流域或跨区域调水，通俗地讲，就是从水多的地方运水到水少的地方，解决由水资源空间分布不均造成的缺水问题。中国的南水北调工程是人们最熟悉的跨流域调水工程，南水北调工程不仅解决了北方城市的缺水问题，还让城市的生态得到了修复、改善。

"节流"即利用新技术、经济、宣传教育等多种手段，杜绝水的浪费，提高水的有效利用率，减少用水量，使有限的水资源得以合理分配和利用。如城市污水的再生回用，据统计，城市供水量的80%变为城市污水排入管网中，收集起来再生处理后，70%的城市污水可以被安全回用，即城市供水量的一半以上可以变成再生水回用到对水质要求较低的城市用户那里，置换出等量自来水，相应可增加城市一半的供水量。从理论上来讲，这些再生水可用于工业生产、农业灌溉、城市景观打造、市政绿化、生活杂用等。

探索与实践

　　除了南水北调，一些短途的调水工程也起到了保障供水安全的作用，比如福建向金门供水工程、东深供水工程（向香港供水）。各个调水工程面临的问题是不同的，试想工程设计团队要考虑哪些因素，又是如何做到让供水系统持续供水的。

第二节 节约用水，从我做起

水在人类生活中占有特别重要的地位，不仅用于城市生活、农业灌溉、工业生产，还用于发电、航运、水产养殖、旅游娱乐、改善生态环境等。然而，我国却面临着水资源不足的局面，水资源已经成为我国社会可持续发展的重要制约因素。因此，节约用水、合理用水已成为人们的共识，同时，我国也通过多种举措推进节水型社会的建设。

节约用水的意义

水是万物之母、生存之本、文明之源。人多水少、水资源时空分布不均是我国的基本水情，水资源短缺已经成为我国经济社会发展面临的严重安全问题，因此人们必须重视节约用水。节约用水是提高水资源的利用率，减少污水排放的主要措施，也是节省水资源、降低水消耗、增加效益的重要途径。可以说，节约用水具有十分重要的意义：（一）可以减少当前和未来的用水量，维

⬆ 漫画：节约用水

持水资源的可持续利用;(二)可以节约当前给水系统的运行和维护费用,减少水厂的建设数量或降低水厂建设的投资;(三)可以减少污水处理厂的建设数量或延缓污水处理构筑物的扩建,使现有系统可以接纳更多的污水,从而减少受纳水体的污染,节约建设资金和运行费用;(四)可以增强对干旱的预防能力,短期节水措施可以带来立竿见影的效果,而长期节水则因大大降低了水资源的消耗量,从而能够提高正常时期的干旱防备能力;(五)具有明显的环境效益,除提高水环境承载能力等方面的效益外,还有美化环境、维护河湖生态平衡等方面的效益。

节约用水从何做起?

人们每天都在使用水,有时会有一种错觉,认为水取之不尽,用之不竭。其实,水资源是十分稀缺的。节约用水是一件刻不容缓的事情,需要我们从现在做起,从身边小事做起。

日常生活用水习惯和每个人息息相关,也最能展现人们的节水之举。日常节水方法多种多样。一般情况下,家庭用水主要包括卫浴用水、洗衣用水和厨房用水三大块,其中卫浴和洗衣约占2/3,是家庭的节水重点。如人们清洗衣物宜集中,少量衣物宜用手洗;洗衣机排水时,可将排水管接到水桶、水盆内,回收的水可再利用。此外,人们也应知道用水器具的水效等级,选购时,可选择节水型用水器具。如果人们都能在日常生活中的各个方面注意节约用水,节约的水量还是非常可观的。

相比于日常生活用水,农业历来是用水第一大户。农业用水主要是灌溉用水,是我国合理用水、节约用水的主要对象,节水潜力较大。农业节水措施主要是节水灌溉,即根据作物需水规律和当地供水条件,用更少的水获得更大的经济效益、社会效益和环境效益。节水灌溉包括管道输水灌

溉、喷灌、微灌等。

工业也是用水大户，工业节水是缓解我国供水压力的有效措施。那么，工业企业如何做好节水工作呢？工业节水可分为技术性节水和管理性节水。其中，技术性节水措施包括建立和完善循环用水系统，提高工业用水重复率，从而减少用水量，进而缓解水资源供需矛盾。此外，还可以采用节水新工艺，使用无污染技术或少污染技术，推广节水器具和再生水的工业化用途等。

⬆ 节约用水之一水多用

探索与实践

节水从我做起

水龙头的一开一关之间，半瓶水的扔或不扔之间……都体现着人们节水的细节。然而，生活中很多节水的小细节被人们忽略了，导致了水资源的浪费。现在，请你行动起来，为节约用水贡献出自己的一份力量吧！

1. 设计一条节水宣传标语，呼吁人们保护水资源，杜绝水浪费。

2. 从自己身边的生活小事做起，研究并设计一个节水方案。

第二章 林

第一节 森林与我们的衣食住行

人类诞生于林、依赖于林，森林孕育和承载着巨大的自然资源和文化财富，它将自己的一切无私奉献给人类。

18世纪后期开始的工业革命可以被视为世界现代城镇化的开端。19世纪初，全世界只有3%的人生活在城市中。经过了200多年的人类发展，城镇化进程在全球迅速展开，而联合国人居署于2022年发布的《2022世界城市状况报告》中指出，到2050年，全球城市人口总量将新增22亿，城市化仍然是21世纪一个强大的趋势。我们好像离森林、离自然越来越远了。

但事实并非如此。生活在钢筋水泥间的我们，衣食住行仍与森林密切相关。

衣

随着科学技术的不断进步，现在能够用于制作服装的纤维种类越来越多，主要可以分为两大类——天然纤维和化学纤维。其中天然纤维又可以细分为纤维素纤维（植物纤维）和蛋白质纤维（动物纤维），像棉、麻、竹就都属于纤维素纤维，而蚕丝则属于蛋白质纤维。

如果我们再进一步了解有关纤维素纤维的知识就会发现，原来我们每天穿着的衣物中蕴藏着如此多的来自森林的元素。按取出纤维的植物部位，纤维素纤维又分为种子纤维（棉）、韧皮纤维（亚麻、竹纤维）、叶纤维（剑麻、菠萝叶纤维）和果实纤维（椰壳纤维）等。这些来自森林的天然纤维经过加工后都是极好的制衣材料，具有透气性好、吸湿性强等优点。

以目前市场上比较受消费者喜爱的莱赛尔面料和莫代尔面料为例，它们都是以植物为原料制成的。莱赛尔面料是采用针叶树为原料，以一种对人体无毒无害、纺丝后可循环利用的化学试剂为溶剂纺制出来的再生纤维素纤维，生产过程基本无污染，具有良好的舒适性、染色性和生物降解性。而莫代尔面料也是一种再生纤维素纤维，是以山毛

⬆ 竹纤维面料时装秀上的服装作品

榉木浆粕为原料，通过专门的纺丝工艺加工而成，同样能够被自然分解，且对人体无害。

🏔 食

社会生产力的不断进步让人们从茹毛饮血、果腹充饥发展到开始追求饮食的健康、营养和美味。中国的饮食，在世界上是享有盛誉的。中国幅员辽阔，各地气候条件存在差异，再加上民族众多，饮食习惯也各不相同，故出现了"南甜、北咸、东辣、西酸"的口味特点，形成了"川、鲁、粤、苏、闽、浙、湘、徽"八大菜系。

在中国的饮食文化中，森林所提供的饮食资源非常丰富，可谓只有你

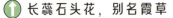

⬆ 长蕊石头花，别名霞草

⬆ 长蕊石头花叶子做的馅饼

想不到的，没有在森林中找不到的。

在中国，普遍被采食的森林蔬菜有上百种，如茎菜类的竹笋和芭蕉心、叶菜类的刺龙芽和长蕊石头花、花菜类的萱草花和芭蕉花，以及根菜类的山药和桔梗等，分布广泛、蕴藏量大。这些森林蔬菜在自然条件下生长，含有丰富的营养，属于无公害"天然食品"。除了食用，大多数森林蔬菜还有药用价值，如马齿苋就被誉为"天然抗生素"，具有较强的镇痛、抗炎作用，对多种细菌具有抑制作用。

🌿 住

从远古时期到现代社会，树木都为人类家园的建设做出了卓越的贡献。从最初的半穴居、巢居、干栏式木架，逐渐发展到夯土建筑、茅茨土阶、瓦屋和高台建筑，树木一直是人类家园的主要建造材料。

中国古代建筑的种类有很多，如宫殿、园林、寺院、道观、桥梁、塔刹等，其架构大都以木结构为基础，有的使用数万个木构件，没用一根钉子，就能历经数百年甚至是数千年风雨仍然屹立不倒。

↑ 巢居

↑ 河姆渡古村落建筑模拟景观

↑ 现代木质建筑：杭州市萧山树屋

↑ 北京市颐和园古建筑凉亭顶部木结构藻井

在中国古建筑中，常见的"四梁八柱"指的就是支撑起整个建筑所用的四根梁和八根柱子，而这"四梁八柱"所使用的材料就是木头。"梁"在建筑中除了具有承受外力的作用，梁上的彩绘更蕴含着中国人的审美品位。

绝大多数的中国古代建筑

→ 应县木塔

知识速递

榫卯连接

凸起来的榫头和凹进去的卯眼扣在一起，不需要胶水或钉子进行固定，两块木头就能紧密连接，这就是榫卯连接。榫卯连接是中国传统木结构建筑文化的精髓，人们发现早在约 7000 年前的新石器时代，大量的木质建筑中就已运用了比较成熟的榫卯连接。到了明朝及清朝前期，榫卯技术已臻于成熟完善，既符合力学原理，简单精准，又能与造型充分结合，实现了结构美和造型美的完美融合。

⬆ 榫卯连接

⬆ 北京市颐和园木制长廊的梁上彩绘

在室内都不设天花板，房屋的梁枋都是暴露在外的。为了使房屋内部更加美观，在建造中人们会对梁进行不同的雕刻、彩绘装饰。梁枋彩绘代表着一种审美情趣，蕴含着深厚的中国文化，将中国古建筑美学展现得淋漓尽致。

🌲 行

生活在现代的人们出行方式多种多样，既有飞机、高铁、汽车，又有电动车和共享单车……我们现在所使用的交通工具都各有其独特的发展历史，但它们有一个共同点是都由钢铁制造，因为钢铁能提高交通工具的安全性并延长其使用寿命。但是在古代，由于技术能力的限制，人们无法像现在一样锻造出坚硬的钢铁，于是只能将目光投向挺拔的参天大树。

人们用砍伐的木材制作出了各式各样的古代交通工具。最早出现的水上乘载工具是筏子和独木舟。筏子是一种将树木或竹子并排扎在一起的扁平状水上交通工具，而独木舟则是用整根树干挖成的小舟，舟身完整无缝，结实耐用，至今还被我国一些地区的人们当作渡河工具来使用。

⬇ 在新疆维吾尔自治区塔克拉玛干沙漠与塔里木河尉犁段交会处，人划卡盆（胡杨木制独木舟）渡河前往对岸天然胡杨林管护区

第二节 中国森林知多少

要了解一个地区的森林资源状况，我们需要做深入的调查。迄今为止，中国已经进行了多次全国范围的森林资源清查工作，那么，在最新的调查结果中，中国森林在面积、覆盖率、树种、树高、蓄积量等重要指标方面的情况是怎样的呢？

中国森林有多大

衡量森林大小的指标是森林面积，这也是衡量一个国家或地区森林资源状况的重要指标之一。

在技术不发达的年代，森林面积需要无数林业工作者在林区不辞辛苦地翻山越岭、披荆斩棘进行现场实地测量，才能获得相关数据。而今天，在卫星遥感技术等高科技的帮助下，人们能够更轻松地获取到更准确的森林勘察数据。

根据《2022 年中国国土绿化状况公报》显示，中国森林总面积约 2.31 亿公顷。从全球范围来看，中国森林面积位居世界第 5 位，排在俄罗斯、巴西、加拿大、美国之后。此外，中国人工林面积多年来稳居世界首位，森林蓄积量增速远超世界其他国家。

从省区分布看，森林面积最大的是内蒙古，为 2614.85 万公顷（1 公顷 =0.01 平方千米）；其次，云南的森林面积为 2106.16 万公顷；内蒙古、云南、黑龙江、四川、西藏、广西的森林面积加起来为 11471.88 万公顷，达全国森林总面积的一半之多。

各省级行政区森林面积（数据引自《中国森林资源报告 2014－2018》）

分级 （单位：万公顷）	省级行政 区数量	森林面积 （单位：万公顷）
≥ 2000	2	内蒙古 2614.85、云南 2106.16
1000 ~ 2000	6	黑龙江 1990.46、四川 1839.77、西藏 1490.99、广西 1429.65、湖南 1052.58、江西 1021.02
500 ~ 1000	11	广东 945.98、陕西 886.84、福建 811.58、新疆 802.23、吉林 784.87、贵州 771.03、湖北 736.27、浙江 604.99、辽宁 571.83、甘肃 509.73、河北 502.69
100 ~ 500	8	青海 419.75、河南 403.18、安徽 395.85、重庆 354.97、山西 321.09、山东 266.51、海南 194.49、江苏 155.99
<100	4	北京 71.82、宁夏 65.60、天津 13.64、上海 8.90

注：香港、澳门、台湾资料暂缺

此外，林业上还有林地的概念。林地包含了乔木林地、竹林地、灌木林地、疏林地、未成林造林地、苗圃地、迹地和宜林地，因此林地面积大于森林面积。中国林地总面积达 28354.6 万公顷（数据来自《2022 年中国

⊙ 大兴安岭的景色

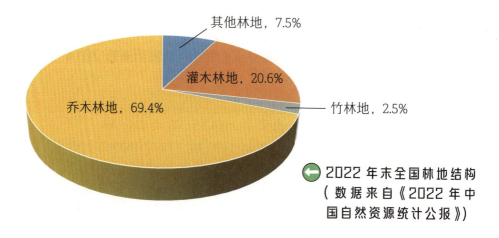

其他林地，7.5%

灌木林地，20.6%

乔木林地，69.4%

竹林地，2.5%

2022 年末全国林地结构（数据来自《2022 年中国自然资源统计公报》）

自然资源统计公报》），其中乔木林地占比最大，而灌木林地和宜林地的占比也不小。

目前，中国森林总覆盖率为 24.02%。然而，各个地区的森林覆盖率差别是很大的，其与当地的气候条件、地理环境、历史变迁及人类活动等因素均有关系。

森林覆盖率最高的省区是福建，达到了 65.12%。而地处福建中部的三明市的森林覆盖率高达 77.12%，被誉为"中国绿都"。如果再聚焦于更小的地理范围，如福建的武夷山国家森林公园，其森林覆盖率高达 96.72%，曾被评价为"最具完整性的生命绿洲"。

中国树木知多少

树木是森林生态系统最重要的组成部分。没有树木，就没有森林；有了树木的多样性，才有了森林类型的多样性。那么，中国树木有多少种呢？数据显示，中国共有木本植物 9000 多种，其中 5000 多种为乔木。但是，大量的树种实际上并不单独形成森林，而是局限在局部地区，并与其他树木一起共同组成混交林。而只有少数树种具有个体数量多、分布广、个头大的优势，才成为森林的主角。在中国 1892.43 亿株乔木株数中，重要值位居前 100 位乔木树种的株数合计就有 1468.51 亿株，占比达到了 77.60％，而剩下的数千种乔木的株数总计占比仅为 22.40％。

100 个重要森林乔木树种（数据引自《中国森林资源报告 2014－2018》）

序号	树种名称	序号	树种名称	序号	树种名称	序号	树种名称	序号	树种名称
1	杉木	21	麻栎	41	柳杉	61	黄波罗	81	山荆子
2	白桦	22	丝栗栲	42	巨尾桉	62	暴马丁香	82	冬青
3	马尾松	23	旱冬瓜	43	高山松	63	板栗	83	高山栲
4	落叶松	24	香樟	44	长白落叶松	64	水青冈	84	山合欢
5	蒙古栎	25	白栎	45	枫桦	65	侧柏	85	黄毛青冈
6	杨树	26	榆树	46	橡胶	66	鹅掌柴	86	西南花楸
7	山杨	27	刺槐	47	糠椴	67	青楷槭	87	南酸枣
8	云南松	28	栓皮栎	48	苦槠	68	花曲柳	88	鱼鳞云杉
9	木荷	29	华山松	49	拟赤杨	69	尖齿槲栎	89	山乌桕
10	黑桦	30	化香	50	川西云杉	70	檫木	90	红桦
11	柏木	31	槭树	51	思茅松	71	细叶青冈	91	朝鲜槐
12	青冈	32	湿地松	52	杨梅	72	苦楝	92	花楷槭
13	辽东栎	33	胡桃楸	53	油桐	73	米槠	93	黄背栎
14	油松	34	高山栎	54	红锥	74	合欢	94	小叶青冈
15	五角枫	35	石栎	55	红木荷	75	滇青冈	95	椴树
16	枫香	36	槲栎	56	樱桃	76	急尖长苞冷杉	96	柿
17	云杉	37	红松	57	黄檀	77	甜槠	97	赤杨
18	紫椴	38	盐肤木	58	光皮桦	78	春榆	98	楠木
19	冷杉	39	漆树	59	臭冷杉	79	滇油杉	99	杜鹃
20	尾叶桉	40	水曲柳	60	樟子松	80	裂叶榆	100	泡桐

（注：其中所列树种名称为林地调查中所用名称，个别名称与植物分类学上的植物种类并不等同，但为遵从原文，未加改动。）

树高也是衡量森林状况的重要指标之一。为此，林业上专门有一门学科——测树学，还有测量树高的专业仪器。

中国森林树木整体上不高，平均树高仅为 10.5 米。平均树高在 5.0 ～

← 目前已知亚洲最高树——藏南柏木 1 号树

15.0 米的乔木林占比高达 68.79％，平均树高在 15.0 ～ 20.0 米的乔木林占比为 14.73％，而平均树高大于 20.0 米的乔木林占比仅为 4.31％。

中国最高的树在哪里，又有多高呢?

2023 年 5 月，由北京大学牵头的联合调查队使用激光雷达技术在波密县通麦镇发现了一棵高达 102.3 米的西藏柏木，刷新了亚洲最高树纪录。科考队员介绍，经现场采集进行形态与文献对比，这棵西藏柏木被鉴定为藏南柏木，其历史高度（包含主干枯枝）为 102.3 米，相当于 36 层楼高；活体高度（从树干基部至存活枝顶部）为 101.2 米。按目前已有的高树测量记载，即使按活体高度进行比较，这棵藏南柏木也依然是全球第二高、亚洲最高树。

⬇ 中国最矮树：毛小叶垫柳

中国最矮的树木又是什么呢？答案是柳属垫柳组的一些种类，如西藏高海拔地区产的毛小叶垫柳，植株匍匐于地面呈垫状，高度仅数厘米。

🌲 树干奥秘知几何

要了解森林，自然也离不开探究树干的奥秘。

树干在林业上最受关注的一个重要指标是胸径（干径），即树干在人胸口处高度（或地面以上 1.3 米高处）的直径。这个指标直接反映的是树干的粗细，间接也反映了树木的年龄。中国森林中的树木的平均胸径仅为 13.4 厘米，其中小乔木（胸径 6 ~ 12 厘米）占比 72.19%，中乔木（胸径 14 ~ 24 厘米）占比 23.11%，大乔木（胸径 26 ~ 36 厘米）占比 3.68%，特大乔木（胸径 38 厘米以上）占比仅为 1.02%。

⬇ 中国最粗树：西藏巨柏王

可见，中国树木中大乔木和特大乔木并不多，需要人们珍惜爱护，尤其是那些还承载了历史文化的古树名木。中国目前已知的最粗的树是西藏巨柏王，其树干直径达到了 6 米，树龄也在千年以上。

树干的大小通常用材积（木材体积）来衡量，而森林中所有树干的材积总和被称为森林蓄积。材积和蓄积可以在林木的树高、胸径和株数的基础上，通过数学公式计算而得到。森林蓄积是衡量森林生态和经济价值的重要指标之一。

树干的另一个神奇奥秘是年轮。一些科学家乐此不疲，甚至将其发展成一门学科，即年轮学。

简单来说，温带和寒温带地区的树木一年只有一个生长期，反映在木材层上就是长一圈，故称"年轮"，通过数年轮可以大致判断树木的年龄。但是热带和亚热带地区的树木，一年内生长期长，木材层不形成显著的圈层区别，它们的"年轮"也就不那么明显了。

由于树木的各个年轮是受当年独特的生态条件影响而形成的，相当于对生态条件做了记录并保留下来。因此，科学家可以通过对不同年代树木年轮的研究和比较，再结合其他因素进行综合分析，从而反推出当时的生态条件。而利用不同年代的树木年轮，科学家甚至可以构建出一个地区长达上千年的气候变化情况，以及当地森林的兴衰成败历史。

除了年轮，树干还有复杂的结构。人们一般将树干分为五层，

⬆ 树木的年轮

⬆ 别致的青榨槭树皮

包括树皮、韧皮部、形成层、边材和心材。不同树木的树干结构各不相同，千变万化，这也是树木鉴别的重要特征依据之一。而木材作为最重要的林木资源，对于它的研究更是自古已有，并形成了专门的木材学科。

除了前面探讨过的面积、覆盖率、树种、树高及树干方面，森林还有无穷无尽的科学奥秘等待着人们去探索！

第三节 千姿百态的林

中国地域辽阔，生态环境复杂，由此造就了丰富多样的森林样貌，如庄严肃穆的针叶林、四季变换的落叶林、富饶多姿的常绿林、苍莽神秘的热带林和低矮茂密的灌木林等。它们各自散发着别样的魅力，令人神往。

庄严肃穆的针叶林

顾名思义，针叶林就是以针叶树为建群种的森林。

针叶树大多具有细长如针或细小如鳞片状的叶子。许多针叶树属于长

I 东部季风区
II 西北干旱、半干旱区
III 青藏高寒区

—— 三大自然区界

- 热带季雨林、雨林区
- 亚热带常绿阔叶林区
- 温带针阔叶混交林区
- 温带荒漠区
- 暖温带落叶阔叶林区
- 温带草原区
- 寒温带针叶林区
- 青藏高原高寒植被区

北京

南海诸岛

⬆ 中国自然植被分布图

寿树种，成年大树挺拔高耸，树冠常呈塔形，给人以庄严肃穆的观感。

针叶树大多是常绿树种，仅有落叶松、金钱松等少数种类为落叶树种。中国的针叶林面积总计占全国森林总面积的 28.05 %，其中针叶纯林面积为 5187.84 万公顷，针叶混交林面积为 694.18 万公顷，针阔混交林面积为 1420.59 万公顷。

在中国所有森林类型中，杉木林的分布面积是最大的，达到了 1138.66 万公顷，其广泛分布于长江流域、秦岭以南的广大地区。杉木林大多是人工林，树种单一，常形成密集整齐的大片纯林，林下灌木和草本种类稀少，生物多样性不丰富。但是杉木林生长快、木材好，从而成了中国最重要的速生用材林。

落叶松林常被称为"明亮针叶林"，存在显著的季相变化。春季时，光秃的枝条上会长出翠绿的嫩叶和幼嫩的球果；秋季时，针叶会变成黄色，然后脱落。落叶松林大多也是单一树种的纯林，但林下灌木和草本层相对发达。

🟢 杉木枝条

⬆ 杉木林

⬆ 兴安落叶松林及幼嫩球果

落叶松林实际上还可以再细分为多种种类，其中兴安落叶松林主要分布在大兴安岭地区，华北落叶松林分布在华北，红杉林主要分布于青海和西藏等地。

云杉林和冷杉林也被称为暗针叶林。这两者在外貌上很相似，主要区别在于云杉球果下垂，冷杉球果直立。云杉林和冷杉林主要分布在中国的西北和西南的高海拔山地，这类森林的部分地区至今仍是未受人类干扰的原始林，结构整齐，一些树上还常挂满松萝，给人一种古老神秘的观感。

松树林是针叶林中的庞大家族。全世界约有 110 种松属植物，中国原产 23 种，引进栽培 16 种。大多数松树种类成为其分布地森林中的重要建群树种，形成带有各自地理标志的多样化松树林，如东北地区的红松林，华北地区的油松林，内蒙古沙地上的樟子松林，华东沿海地区的黑松林、长叶松林、火炬松林，华南地区的马尾松林、加勒比松林，以及西南地区的高山松林、乔松林、不丹松林、西藏长叶松林等。

此外，重要的针叶林还有侧柏林、干香柏林、云南铁杉林、红豆杉林等。

⬆ 川、滇冷杉林，树上的松萝及球果

⬆ 川西云杉林及球果

⬆ 西藏云杉林及球果

⬆ 吉林省长白山鱼鳞云杉林在冬季形成雾凇奇观

⬆ 吉林省长白山的红松林

⬆ 北京市丘陵地区的人工侧柏林

🌲 四季变换的落叶林

　　本书中的落叶林指的是落叶阔叶林。落叶阔叶林的一大显著特点在于其具有显著的季相变化。春季时，落叶林从冬季的沉寂中逐渐苏醒过来，在光秃的树枝还没有长出嫩叶之前，林下的一些花草已经迫不及待地开出艳丽的花朵；夏季时，森林逐渐变得郁郁葱葱，万物疯长；秋季时，森林的树叶开始变色，有的红、有的黄，缤纷的彩色秋叶成了森林中的一道美景；冬季时，森林褪去华丽，重归寂静，等待着又一年春季的到来。

⬆ 早春东北地区林下的牡丹草花海

⬆ 夏季山西省中条山郁郁葱葱的杂木林

⬆ 秋季长白山树叶变色的落叶林

　　落叶阔叶林广泛分布于寒温带和温带地区，在亚热带和热带的高海拔地带也常有分布。中国落叶阔叶林总面积达 5052.72 万公顷，面积仅次于针叶林。中国的落叶阔叶林主要分布在东北地区的南部和华北各省。组成落叶阔叶林的树种十分丰富，包括杨树、柳树、榆树、桦木、栎树、椴树、槭树等。这些树种既可组成树种单一的纯林，也常共同组成混交林。

塔里木盆地的胡杨林

内蒙古赤峰沙地中的榆树林，有着类似
非洲热带稀树草原的景观

北京喇叭沟门的白桦林

富饶多姿的常绿林

这里的常绿林指的是常绿阔叶林，包括典型的常绿阔叶林、常绿落叶
阔叶混交林及硬叶常绿阔叶林。常绿林的重要特点之一是其组成树种大多
是常绿树种，具有革质、冬季不落的暗绿色叶片。常绿林终年生长，夏季

尤其旺盛，尽管也存在季相变化，但从外貌上看变化不显著，给人留下四季常青的印象。

常绿林主要分布在亚热带地区，以及热带山地中海拔地区。中国常绿林面积达 2570.84 万公顷，占全国森林总面积的 11.66%，主要分布于长江以南的山地或丘陵地区，并成为当地主要的森林类型。

常绿林虽然外貌看起来都是绿油油的，差别不大，但实际上其内部结构极为复杂，并且不同地区的常绿林类型也极为多变。天然的常绿林基本都是混交林，很少有纯林，其不仅乔木层、灌木层和草本层植物种类繁多，

⬆ 台湾省恒春半岛南仁山的低山常绿阔叶林

⬆ 云南省屏边苗族自治县大围山水围城的山地常绿阔叶林

⬆ 西藏自治区林芝市的川滇高山栎林

⬆ 海南省尖峰岭的常绿阔叶林

而且攀缘植物、附生植物及寄生植物等在林间层也时常出现，生物多样性丰富度仅次于热带林。

在众多组成常绿林的树种中，壳斗科和樟科植物是最重要的两类。因此，以壳斗科植物或樟科植物为主要建群种的常绿林通常也被称为"常绿栎类林"或"常绿樟栲林"。

说到壳斗科植物，大家可能很陌生，但这类植物都拥有一种特殊的果实，俗称"橡子"或"栎子"，它是由总苞发育而来的"壳斗"和壳斗所包围的坚果共同组成的。实际上，壳斗的形态是丰富多变的，壳斗科植物根据壳斗的不同形态而被分为不同的属，包括水青冈属、青冈属、柯属、锥属、栎属等。全球有近 1000 种壳斗科植物，中国也有近 300 种，其中许多种类是森林的重要建群树种。

⬆ 橡 子

相比于壳斗科植物，樟科植物的种类更为繁多。全球约有 45 属 2000 多种樟科植物，中国则有 23 属约 445 种，其中许多种类是热带亚热带山地常绿林的主要组成部分。樟科植物的显著特征是植物体通常含有油脂，并具有特殊的气味，大家所熟悉的樟脑丸便是从樟树中提取出来的。

樟科植物中还有一类植物被

⬆ 樟 树

称为楠木，是优质的木材树种，尤其是桢楠大树所产的木材，在中国古代为帝王专用，被称为"金丝楠木"。如今，在中国南方，许多樟科植物，如阴香、樟树、天竺桂等，被广泛用作城市行道树。

苍莽神秘的热带林

严格地说，"热带林"或"热带森林"在学术上并不是一个具体的森林植被类型，而是泛指热带区域的森林，包括非典型性热带雨林、热带季雨林、热带山地雨林、热带山顶苔藓矮林（热带云雾林）及热带针叶林等多种森林类型。

为什么说在中国分布的"热带雨林"实际上是"非典型性热带雨林"

↓ 云南省西双版纳市的非典型性热带雨林——望天树林

呢？首先，从狭义的学术定义来看，"典型的热带雨林"是生长于赤道附近的热带地区的一种森林植被类型。这里所说的"赤道附近的热带地区"，严格意义上指的是介于北纬10°和南纬10°之间的地区。分布在这一地区的典型热带雨林无季节变化，且不受季风影响。然而，除南海部分岛屿外，中国的其他陆域均超出了这个范围，并且受到季风的影响。因此，中国实际上不存在典型的热带雨林。

中国的非典型性热带雨林与赤道的热带雨林虽然不同，但也有一些相似的特征，如普遍存在的老茎生花现象、附生现象、板根现象和绞杀现象；森林层次结构复杂，林间常有发达的藤蔓植物；树种极为丰富，并且存在亚洲热带雨林的表征植物——龙脑香科树种（如望天树、东京龙脑香、青梅和坡垒）等。

中国的非典型性热带雨林和热带季雨林在海南、云南、广东、广西、台湾及西藏等地均有分布，但面积非常小，仅有 80.36 万公顷，占全国森林总面积的 0.36％。其中，非典型性热带雨林分布尤其狭窄，仅在低海拔沟谷等局部湿润环境中呈小片或带状分布，一年中常有一个短暂而集中的换叶期，表现出一定程度的季相变化。

⬇ 海南省鹦哥岭国家级自然保护区大果榕的老茎生花现象，榕果上黑色的昆虫是榕小蜂，与榕树形成互利共生关系

⬆ 云南省西双版纳市热带植物园中四数木生长有发达的板根

⬅ 东京龙脑香的果实，具有 2 个显著的"大翅膀"，可以帮助种子传播扩散

低矮茂密的灌木林

灌木林的形态通常低矮茂密，建群树种无明显主干，因此其更准确的称呼应为"灌丛植被"，是与乔木林相并列的一类植被类型。灌木林平均高度相对较低，约为 1.5 米。

中国的灌木林分布极为广泛，全国灌木林地面积达 5835.8 万公顷。从分布来看，内蒙古、四川、西藏、新疆、云南、青海和甘肃这七个省级行政区的灌木林面积较大。

中国的灌丛植被分为常绿针叶灌丛、常绿革叶灌丛、落叶阔叶灌丛和常绿阔叶灌丛四种类型。其中，落叶阔叶灌丛分布最为广泛，它可从温带到热带，从平原到高山均成片出现。常绿针叶灌丛仅分布在森林线以上高海拔山地，其建群树种以低矮的柏属种类为主，尤其是叉子圆柏、高山柏或香柏等。

中国的常绿革叶灌丛主要分布在热带和亚热带地区的高海拔山地，其建群树种以杜鹃花属中的高山杜鹃亚组种类为主。说到杜鹃花，这

⬆ 西藏自治区定结县高海拔山坡上的以香柏为主的常绿针叶灌丛

可是中国著名的三大高山花卉之一，另外两个是报春花和龙胆。

大多数杜鹃花属植物为低矮的灌木，但也有一些种类可以长成高 20 多米的大乔木，如"网红"植物马缨杜鹃（贵州省百里杜鹃风景名胜区的主要代表树种）及赫赫有名的大树杜鹃。

↑ 春天，贵州省毕节市百里杜鹃景区的杜鹃林

　　落叶阔叶灌丛的分布范围最为广泛，无论是温带还是热带，从平原到高山，从沟谷到荒漠，均成片出现。其中最为重要的种类有柳属、锦鸡儿属、牡荆属、柽柳属、箭竹属及山茶科植物等。

　　常绿阔叶灌丛主要分布在热带、亚热带的低山与石灰岩山地，其植物

← 山西省太原市天龙山黄栌灌丛秋季景观（黄栌也就是北京市著名的香山红叶的主要树种）

↑ 海南省三亚市海边的仙人掌灌丛

↑ 黑龙江省呼玛县的柳灌丛

种类成分极为复杂，并且还有不少独特的植被类型。人们可能对歌曲《外婆的澎湖湾》并不陌生，其中有一句歌词描绘了"阳光、沙滩、海浪、仙人掌"的景象。然而，仙人掌原产地是美洲热带地区，理论上台湾省的澎湖湾应该没有仙人掌。事实上，澎湖湾确实有仙人掌，是在 18 世纪由外国人引入的。现在仙人掌灌丛在热带海岸地区还是挺常见的，包括海南省三亚市。

🏔 整齐单一的翠竹林

在中国丰富的森林资源中，竹林显得特别而另类。从植物分类学的角度看，竹子实际上是高大的草本植物，而非木本植物。仅从这一点看，以竹子为建群种的竹林就已经和其他各类森林类型分外不同了。

竹林在中国的分布是十分广泛的，大面积的竹林被称为"竹海"。中国竹林面积达到 699.2 万公顷，占全国森林总面积的 2.5 ％。在所有竹林

⬆ 浙江省湖州市德清县莫干山的毛竹林景观

⬆ 四川省古蔺县桂花乡的毛竹林内部景观

中，毛竹林分布最为广泛。毛竹林的群落结构相对简单，建群种主要是毛竹，并且个体大小极为接近，群种外貌整齐单一，林下几乎没有灌木层，草本层也较为稀疏。毛竹在福建分布最为广泛，其次是江西、浙江、湖南、四川、广东、安徽、广西。

竹子及竹林分布广泛，深刻地影响了中国文化，甚至有人将中国文化视为"竹的文化"。竹文化已深刻融入中国文学、艺术、建筑园林设计乃至民俗活动等多个领域。中国古人说"不可居无竹"，可见中国人与竹子的密切关系。爱竹、种竹、咏竹、画竹、用竹的风尚传承至今，竹笔、竹纸、竹诗、竹画、竹笛、竹韵等元素深受文人雅士的喜爱和推崇。在"四君子"（梅、兰、竹、菊）和"岁寒三友"（松、竹、梅）中，挺拔修长、四季青翠的竹子是其中不可或缺的重要角色。生活中，竹笋及竹酒也是中国人餐桌上的特色美味……

中国有500多种竹子，遍布大江南北。目前中国有"十大竹子之乡"，分别是崇义、宜丰、桃江、广德、赤水、广宁、顺昌、建瓯、临安和安吉。如果你有机会，一定要去领略竹海的魅力。

⬆ 广西壮族自治区防城港市的桐花树群落

⛰ 海岸卫士红树林

红树林是一类独特的植被类型，生长在热带、亚热带海岸的潮间浅滩上，被誉为"海岸卫士"和"海洋绿肺"，其在维护所在地区的生态系统平衡等方面发挥着重要作用。中国的红树林面积较小，仅为 2.9 万公顷，这些红树林零星分布于海南、福建、广东、香港、广西、台湾及浙江的沿海地区，共包括 59 种群落类型，其中以海榄雌（白骨壤）、桐花树群落为主。

值得注意的是，红树林外貌实际上并不红，而是绿色的。为什么它被称为红树林呢？原来，构成红树林的很多树种都属于红树科，也被称为红树植物。红树植物的树皮中常含有单宁物质，当树皮破裂接触空气后，便会因氧化而呈

⬆ 海松的树皮

↑ 红树科植物木榄开花

↑ 红树科植物角果木发达的支柱根

现出红色，因此得名"红树"。

红树林的一大特点在于其生长在海滩上而不是陆地上，一年中有很长时间处于被海水浸泡的状态。为了在这种环境中生存，红树植物进化出了不少独特的本领——为了固定植株以抵抗海浪冲刷，并且保证呼吸，许多红树植物都具备极为发达的支柱根，部分种类甚至还长有向上生长的呼吸根。

红树植物具有一种生理特性，即胎生现象。所谓胎生（胎萌）现象，指的是种子没有离开母体时在果实中就已经萌发，并长出棒状胚轴的现象。当胚轴脱离母树掉落到淤泥中后，就可以在短时间内扎根并长成新的植株。

↑ 红树科植物角果木果实上逐渐伸长的胚轴

↑ 红树科植物向上生长的呼吸根

第四节　林，富国裕民的宝藏

随着森林的生态、经济和社会功能逐渐被人们认识，森林的重要性日益凸显。为实现森林资源的合理保护和可持续利用，我们必须致力于维护良好的森林生态环境，使其成为最普惠的民生福祉，造福千秋万代。

美木良材不可缺

从人类掌握火的使用的那一刻起，木材便成了人类生存必不可少的天然资源。木材作为相对结实又容易加工的材料，被广泛用作建筑、家具、基础设施、工艺品等的原材料。

中国木材资源丰富，森林蓄积量 93.32 亿立方米。尽管如此，由于天然林保护和林业可持续发展的需要，中国的木材资源实际上并不算富裕。为了满足木材使用需求，我国目前主要有两种木材获取途径，一是通过培育用材林来获取木材，二是从木材资源丰富的国家进口木材。

在培育用材林时，选择速生高产的树种是最重要的事情。目前，中国主要的速生树种有杨树、杉木、桉树、马尾杉、云南松、栎树、落叶松、柏木、桦木、云杉等。中国华北地区有大面积的杨树林，华东、华南地区有大面积的杉木林和马尾松林，西南地区则有大面积的桉树林。

百草良药可治病

森林对医药的贡献是巨大的，森林中生长着大量的药用植物，它们不

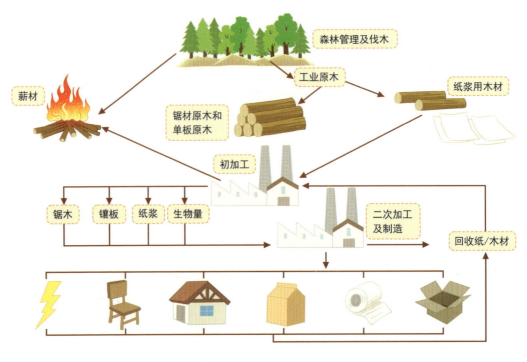

森林管理及伐木

工业原木

纸浆用木材

薪材

锯材原木和单板原木

初加工

锯木　镶板　纸浆　生物量

二次加工及制造

回收纸/木材

⬆ 木材的利用示意图

仅可以为人类治疗疾病和促进健康提供有力的支持，还是医药工业的重要原材料。森林中生长的药用植物通常含有许多种植物化学成分，其中包含了大量的有益于人体健康的物质，如维生素和抗氧化剂等，这给现代医药研究带来了巨大的机会，有助于研发出多种新药物。

中国的森林中可用作中药材的植物种类极为丰富。而由不同中草药制成的方剂，更是数不胜数。中药材的采集、培育、加工、交易和利用，在中国更是形成了独具特色的中医药产业。

⬆ 中药材

 资源植物工业用

中国森林拥有丰富的植物资源，从这些植物中可以提取出诸如橡胶、松脂、油脂、精油及漆料等工业原料。

天然橡胶来源于橡胶树，是生产橡胶制品必不可少的原料，如橡胶轮胎、橡胶手套等。因此，橡胶树对中国云南省南部和海南省等种植地的经济和生活方式有着重要影响。

松脂（松香）、桃胶等天然树脂主要来源于松柏类和蔷薇科李属植物的树干，它们不仅能用作涂料，还被广泛应用

🔼 橡胶树及带果枝条。上图碗中白色的汁液就是刚流出来不久尚未凝固的橡胶胶乳

🔼 松林树皮被切开，用于生产松脂

于造纸和绝缘材料、胶粘剂、医药及香料制造等工业生产中。

中国还生长着许多重要的木本油料作物，比如油桐、油茶、黄连木、文冠果、山桐子、乌桕等。从这些植物的果实中提炼的油脂也被广泛应用于工业生产，个别种类（如油茶的油脂）还可以食用，为中国经济发展做出了重要贡献。

油桐　　　　　　　　　油茶　　　　　　　　　黄连木

文冠果　　　　　　　　山桐子　　　　　　　　乌桕

⬆ **中国重要的木本油料作物**

中国各地还广泛分布着漆树林，由漆树树干分泌物加工而得的漆是一种优良的防腐、防锈涂料，因其具有独特的性能，至今在工业领域上仍得到广泛应用。而源自中国古代的漆器制造，更是形成了具有东方神韵的独特生漆艺术。需要格外注意的是，在森林中看到漆树不要随便触碰！漆树有毒性，可能会引起严重的过敏反应。

↑ "彝族漆器髹饰技艺" 传承人展示漆器制作技艺

↑ 漆树

森林美景看不够

　　中国拥有众多著名的森林，其中包括东北长白山落叶林、新疆喀纳斯云杉林、湖北神农架原始森林、四川九寨沟原始森林、湖南张家界常绿林、福建武夷山原始森林、云南西双版纳热带森林、贵州梵净山常绿林、广东鼎湖山常绿林及广西十万大山喀斯特森林等。这些森林以其独特的自然风光闻名于世。

　　中国森林拥有丰富多样的植物资源，因此吸引了不少游客前来观赏。若以个体而论，安徽省黄山的迎客松应该是中国最著名的一棵树了；若以物种而论，桃、李、杏、梅、樱、杜鹃、山茶、胡杨、白桦、百合、山丹、报春花等都是较为吸引游人的种类；此外，中国各地的古树名木（如松、柏、榕、樟、银杏等）也备受游客的青睐。

　　中国森林中还有各具特色的动物资源，这也是吸引大量游客前来游玩的重要原因。四川省卧龙自然保护区的大熊猫憨态可掬，能激起人们发自内心的喜爱；湖北省神农架国家森林公园的金丝猴被称为"森林精灵"，好

看有礼貌，合影时也很配合。近年来，随着自然观察活动的兴起，观鸟、动物摄影也逐渐成了森林旅游的一种重要活动形式。

中国森林还拥有许多文化方面的资源，如相关的神话传说、历史事件、当地习俗、宗教活动等，这些资源常与森林相融合，形成当地特色的森林文化，并成为森林旅游的重要魅力之一。

第五节 多方努力护森林

如何保护好中国森林，实现人与自然和谐发展？这不仅需要长远的策略，还应该充分利用好现代化的科技手段，更重要的是需要全国人民的共同参与。

🔥 防火制度不放松

"护林防火，人人有责！"人们必须提高防火意识，确保安全用火，万万不可掉以轻心。在森林防火期内，未经相关单位允许，任何单位和个人不得擅自进入林区内进行各类活动。根据《森林防火条例》等相关法律规定，违反本条例规定，造成森林火灾，构成犯罪的，依法追究刑事责任；尚不构成犯罪的，除依照本条例多项规定追究法律责任外，县级以上地方人民政府林业主管部门可以责令责任人补种树木。

中国正持续完善森林防火预警监测体系建设，以便在森林火灾发生的初始阶段就予以扑灭。相关专业技术人员还应研究提升灭火技术和能力，借助科技手段灭火，避免在扑救森林火灾时造成人员伤亡。

↑ 森林防火宣传画

拓展阅读

火灾监测用卫星

卫星遥感技术让现代的森林防火监测有了“千里眼”。通过搭载具有红外遥感技术的在轨卫星，可以识别出地面上的异常热点地区，及时发现火灾发生地点和规模。结合网络信息技术，实现在第一时间将火情信息传达给相关人员，为森林防火提供了巨大的帮助。此外，卫星拍摄的高分辨率遥感影像，也可应用于火场面积和资源损失情况的快速评估。

生态护林大工程

改革开放以来，为保护生态环境，中国规划并实施了一系列林业重大工程，并取得了积极良好的效果：开展大规模植树造林工程，建成了世界

塞罕坝林海俯视图

上面积最大的人工林——塞罕坝林场；有效施行天然林保护工程，避免了众多天然林的消失；实施退耕还林工程，坚持"封山育林、退耕还林"，使许多地区的森林得以恢复；实施"三北"防护林体系、长江中上游防护林、沿海防护林等建设工程，均取得了重大的生态、社会和经济效益；建设农田防护林体系工程，保护了大量的农田。

　　未来，中国将牢固树立绿色发展理念，坚持人与自然和谐共生，加大天然林保护修复力度，坚持保护优先、自然恢复为主的方针，加大封山育林育草力度，力争做到全面保护、系统修复、用途管控、责权明确。在人工林建设发展方面，将科学制订林地保护利用规划，按照"宜乔则乔、宜灌则灌，乔灌草结合、人工与自然相结合"的原则，切实提高造林化成效。

人人护林需守法

　　2022 年，某位女士在北京市郊区私自采集了国家二级保护植物槭叶铁线莲并在网上进行炫耀，结果被警方刑事拘留。2022 年以前，也曾发生过多起网络名人在网上直播采集珍稀植物雪兔子、雪莲等事件，引起公众舆论关注。在 2021 年新版《国家重点保护野生植物名录》发布后，如雪兔子、雪莲等植物都被列为重点保护野生植物，并且依据《中华人民共和国野生植物保护条例》，私自采集这类植物属违法行为。此外，许多省市还制定了各自的重点保护野生植物名录。

　　在野生动物方面，人们的保

↑ 槭叶铁线莲

护意识相对较强。在中国，目前有为保护野生动物而制定的《中华人民共和国野生动物保护法》。在现有法律框架中，即使是"掏鸟窝""抓鱼虾"等行为，也可能会触犯法律。

除上述介绍的法律法规外，中国林业方面的相关法律法规还有很多，比如《中华人民共和国森林法》《森林采伐更新管理办法》《退耕还林条例》《中华人民共和国自然保护区条例》《森林和野生动物类型自然保护区管理办法》等。

当人们来到林区中，一定要注意自己的行为规范，千万不要触犯相关法律！

🏞 就地迁地双体系

就地保护与迁地保护是生物多样性保护的两种主要方式。

就地保护是保护生物多样性最有效的措施，包括建立自然保护区、森

⬇ 青海省三江源国家公园美景

林公园、生态功能保护区和国际保护地等措施，进而组成遍布全国的保护网络。1956 年建立的广东省鼎湖山国家级自然保护区是中国的第一个自然保护区。如今，中国自然保护区总数已达到 2750 个（474 个为国家级自然保护区），保护面积占中国国土总面积的 15%，形成了种类齐全的保护区体系。此外，中国还有数百个国家森林公园和面积巨大的生态保护区。它们共同有效保护了中国 90% 以上的陆地生态系统类型、65% 的高等植物群落和 85% 的野生动物种群。

为了更好地推进生态文明建设，中国还积极推动国家公园体系建设。国家公园是保护区的一种类型，最早起源于美国，目前世界上许多国家和地区均设有国家公园。但在中国，国家公园最早于 2013 年提出，还属于新事物。目前，中国已正式设立了三江源、大熊猫、东北虎豹、海南热带雨

⬆ 广州市华南植物园热带植物区温室航拍图

林和武夷山首批 5 个国家公园，在生态保护机制方面取得了新进展。

在动植物的迁地保护方面，中国也采取了多项积极的行动。首先，实施了多项"野生动植物拯救工程"，建立了 250 多处野生动物救护繁育基地和 450 多处野生植物迁地保护基地，使得一批珍稀濒危动植物得到了积极有效的保护，大熊猫、朱鹮、野马、扬子鳄、红豆杉、苏铁等 300 多种珍稀濒危野生动植物种群持续扩大。全国的大熊猫圈养数量高达 290 余只，朱鹮由 1981 年的 7 只繁殖到 1400 多只，扬子鳄由 200 多条繁殖发展到 10000 多条，放归自然的野生濒危动植物高达 11 种。

植物的迁地保护是植物园的重要责任担当。目前，中国各地建设有近 200 个植物园、树木园和药用植物园，保护了来自世界各地的 2.9 万余种植物，成为众多植物的"诺亚方舟"。为了更好地搭建植物迁地保护的"诺亚方舟"，中国启动了国家植物园体系建设，目前正式挂牌成立的有北京市的国家植物园和广州市的华南国家植物园。

🌲 生态监测"天空地"

近年来，生态监测领域提出了"天空地"一体化概念。"天"指利用卫星遥感技术进行宏观全局的监测；"空"指利用无人机遥感技术对重点区域进行中小尺度的监测；"地"是指利用地面监测基站进行监测，同时通过人工辅助补充调查。"天空地"一体化通过云计算技术的运用来实现数据和信息的融合。"天空

⬆ 垂起固定翼专业测绘无人机

地"一体化生态监测也是未来生态监测的主要发展方向，将广泛运用在森林防火监测、森林植被调查、动植物监测及病虫害监测等方面。

建设新技术数据库

随着云计算、大数据、移动互联网等新一代信息技术的出现，一大批林业方面的信息共享平台和网站已经建立起来，并提供了海量的生物多样性大数据信息。例如，由中国科学院植物研究所牵头，联合院内三园两所等 6 家宏观植物学单位建设的中国科学院植物科学数据中心，就汇聚了来自资源库、监测网络和植物园等 200 多家科研院所和教学单位的宏观植物学数据，形成三大核心数据库——"植物物种全息数据库""植被生态大数据""迁地保育大数据"（截至 2022 年 12 月），集成植物全时空、多维度的全生命周期数据，构建知识化、网络化的服务能力，打造成具有国际影响力的数据中心。

在人工智能运用方面，植物图像大数据与人工智能算法的结合，催生了多个植物识别软件的开发利用，这些软件已经能够识别中国境内近万种

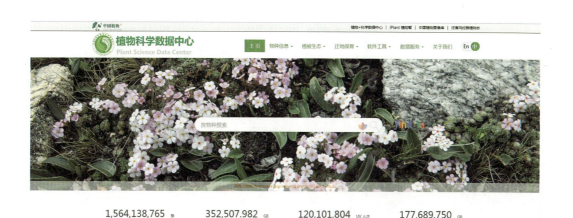

⬆ 植物科学数据中心网站（首页）

常见植物，为公众认识中国植物提供了极大的便利。利用同样的技术和原理，将来可扩展识别其他的生物类型，如鸟类、兽类、昆虫以及真菌等。

🏞 生物防治有学问

《寂静的春天》一书生动描写了因化学杀虫剂和化肥的过度使用而导致的环境污染和生态灾难，一定程度推动了现代环保主义的发展。然而，不可否认的一点是，直到今天，仍有大量的传统化学杀虫剂在广泛应用。幸运的是，如今有益于环境保护的生物防治技术正在迅速发展，有望逐步替代传统的化学杀虫剂。

生物防治指不使用传统化学杀虫剂，采用对环境和生态无害的方法来控制有害生物的破坏，包括新型生物源杀虫剂、生物信息素或某些生物种类及物理方法，例如，"以虫治虫""以菌治虫""以菌治病"和"生物治草"等。当前，最常见的生物防治案例是利用柞蚕蛹释放周氏啮小蜂来防治美国白蛾。此外，一些地区也常采取物理方法来防治病虫害，比如用带有黏液的黄板来黏虫，但大量悬挂这种黄板会严重影响森林的景观效果。

⬆ 用带有黏液的黄板来黏虫

⬆ 利用柞蚕蛹释放周氏啮小蜂来防治美国白蛾

第四章

第一节 田的起源

早在人类出现之前，地球上的土壤就已经形成了，这些土壤供养了无数生命，同时也为这些生命提供了可以栖息的家园。人类诞生后也无法脱离土壤而生存。经过长时间的发展，人类开始定居生活，并逐渐利用土壤发展种植业，与土壤结下了不解之缘。在人类和土壤长时间的共生共养、相互作用下，灿烂的农耕文明相随而生。

"田"字释义

"田"字是一个象形字，本义指农田。它生动地展示了中国早期农田的基本格局，即阡陌纵横或者沟渠四通的一块块农田。甲骨文中的"田"字稍显复杂，但它表现的意思很明显，而从金文开始，"田"字的字形基本没发生太大的变化，且一直延续至今。

⬆ 田字演变的过程

由于农田与耕种有关，所以"田"字的意思又引申为"耕种"。《汉书·高帝纪》中"令民得田之"的"田"，意思就是耕种。由"田"字组成的词语也有农夫、农田、农村的意思。《史记·项羽本纪》中有"项王至阴陵，迷失道，问一田父"的句子，句中"田父"的意思就是农夫。孟浩然《过故人庄》中有"故人具鸡黍，邀我至田家"的诗句，这里的"田家"即指农家。而一些古文中所说的"田舍"即为田地和房屋，泛指村舍、农家；"田舍郎"就是农家人，即乡野之人。

中国的汉字源自生活。"田"字也是汉字中一个重要的偏旁部首，与之相关的字也多和"田猎，耕种"有关，如"男"字。"男"字由田和力组成，表示用力耕田，本义指男人，与女相对。在生产力水平相对低下的古代，男性因为力气更大，从事农业生产比女性更具优势，因此人们把用力耕田的人，称为男人。

实际上，人类社会生存与发展的基础经济是农业，人需要田地，作物的收获依赖田地。中华民族自古以来仰仗田、依恋田、热爱田，田给予了人们生存的物质基础，也给人们带来了诸多向前发展的机遇。

田的起源与发展

人们今天所见到的田是怎么形成的呢？

在距今 20 万年到 10 万年的旧石器时代，古人逐渐适应了各地的自然环境，他们的劳动经验逐渐丰富，生活技能有了提高，利用打制石器和木棍进行采集、捕鱼和狩猎活动。但由于食物来源不固定、自然灾害等因素的制约，人口增长相对缓慢。

到了距今八九千年的新石器时代，制作较为精良的磨制石器成为古人的主要工具，人们开始种植作物和驯养动物，最原始的农耕模式"刀耕火种"出现了。人们先用石斧砍伐树木和草茎，再将草木晒干后用火焚烧。经过火烧，土地变得松软，而草木燃尽后的草木灰变为天然的肥料。人们在土地上挖出一个个小坑，撒上种子后盖上土，静待作物生长。由此，原始的农田开始出现了。

农业让古人开始了定居生活，他们逐渐掌握了石器的磨制和钻孔技术，

⬆ 古人刀耕火种场景

学会了制作陶器和饲养牲畜，生活条件进一步得到改善。这一阶段出现了用来去除杂草和树木的石斧、石锛，用来翻土的耜，用来收割粮食作物的石刀、石镰，以及用于加工谷物的石磨盘、石磨棒等农业工具。

总体而言，黄河中下游和长江中下游的农耕文明发展较快。

到了新石器时代晚期，原始农业有了较大的发展。北方以旱作农业为主，南方以水田耕作为主。人们使用磨得扁平的石锄作为主要的翻土工具，用半月形石刀和蚌刀收割作物，生产效率大大提高。他们普遍已经过上了长期定居的生活。可以说，真正意义上的田已经形成了。

原始社会结束，我国历史上第一个奴隶制国家——夏朝建立。夏朝以农业立国，生产力水平有了很大的提高，因此谷物产量也有所增加，已经开始用粮食酿酒。这进一步说明夏朝的谷物较为丰沛。

至商朝，我国进入了有文字记录的时期，已经开始有了农业生产部门。人们用耒耜对较大面积的土地进行翻土、碎土，达到了深耕的效果。甲古文中出现了"田"字形,这说明在平坦的原野上已经有修理规整的连片方块熟田。至此农田的基本形式已经确立。

农业是人类社会的经济基础,也是手工业、商业、科学技术繁荣发展的坚实后盾,在人类历史演进的过程中扮演着极为重要的角色。

拓展阅读

古老的稻田

2020—2021 年,浙江省文物考古研究所、宁波市文化遗产管理研究院、余姚市河姆渡遗址博物馆进行了联合考古发掘,他们在浙江余姚施岙遗址发掘出了河姆渡文化和良渚文化的大规模古稻田遗存,这些古稻田遗存距今 6700 年至 4500 年,是目前世界上发现的面积最大、年代最早、证据最充分的大规模古稻田遗存。

考古人员在良渚文化古稻田发现了由凸起田埂组成的"井"字形结构的路网,以及由河道、水渠和灌排水口组成的灌溉系统,确定了面积为 750 平方米、700 平方米、1900 平方米、1300 平方米左右的 4 个田块。稻田堆积中含有较多水稻小穗轴、颖壳、稻田伴生杂草等遗存。

几千年前,在水稻成熟的季节,先民们站在田埂上望着这片金灿灿的稻田,该是怎样的心情?这片流淌过无数汗水的稻田承载着先民们的生计,承载着他们走向未来的希望。他们就这样兢兢业业地在这片江南大地上繁衍生息。

第二节 缤纷多样的土壤

　　土壤在岩石圈的最表层，犹如一层皮肤，护卫着地球表面。它接受日月光华的润泽，供养着不计其数的陆地生命，故而从古至今，人们对土壤就有着很深厚的感情。中国古代一直有举行"社稷大典"的习俗。明永乐十八年（1420 年），明成祖朱棣在北京兴建了社稷坛，此后明清两代的帝王率领皇亲国戚、朝廷重臣在社稷坛举行了 1000 多次祭祀大典。

拓展阅读

　　社稷坛位于北京市东城区天安门西侧，现名为"中山公园"。"社"为"土地神"，"稷"为"五谷神"，因此社稷坛是明清两代帝王用以表示自己尊天亲地，祭祀土地神和五谷神，祈求风调雨顺、五谷丰登、国泰民安的地方。社稷坛中最引

↑ 北京中山公园里的五色土

人注目的就属五色土了。五色土按照中黄、东青、南赤、西白、北黑的方式铺就，与中国土壤种类的分布大致相同。坛中央原本有一块方形石柱，名为"社主"，又名"江山石"，用来表示江山永固。

🌱 土壤的类型

中国地域辽阔，南北跨纬度较大，地形起伏多变，南北气候差异也较大，植被类型多种多样，成土过程复杂，因而中国不同地区分布着不同类型的土壤。不同类型的土壤最直观的表现就是颜色不同，下面是我国主要的土壤类型分布图。

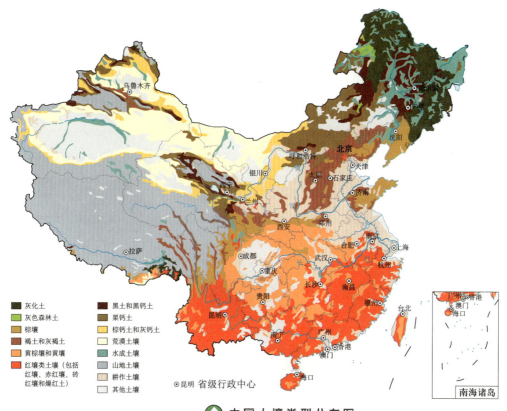

■ 灰化土	■ 黑土和黑钙土
■ 灰色森林土	■ 栗钙土
■ 棕壤	■ 棕钙土和灰钙土
■ 褐土和灰褐土	□ 荒漠土壤
■ 黄棕壤和黄壤	■ 水成土壤
■ 红壤类土壤（包括红壤、赤红壤、砖红壤和燥红土）	■ 山地土壤
	□ 耕作土壤
□ 其他土壤	

◎昆明 省级行政中心

⬆ 中国土壤类型分布图

113

棕壤，主要分布在辽东半岛和山东半岛，土层较厚，表层有机质含量高，适合小麦、玉米、棉花、苹果、梨等作物生长。

褐土和灰褐土，主要分布在山西、河北、辽宁三省的丘陵低山地区，以及陕西关中平原。土壤中的矿物质、有机质积累较多，腐殖质层较厚，肥力较高，适合冬小麦、玉米、甘薯、花生、苹果等作物生长。

黄棕壤，北起秦岭，南至长江干流，西起青藏高原东南边缘，东至长江下游地带，是黄、红壤与棕壤的过渡型土类，自然肥力较高。黄棕壤适合油茶、油桐、桑树等作物生长。

黄壤，主要分布于云贵高原、广西山地、四川东北部及长江以南丘陵缓坡。土壤酸性大，表土层厚，肥力较高，适合茶树生长。

红壤，主要分布在长江以南的大部分地区及四川盆地周围的山地，土性较黏，含铁、铝多，故土壤呈红色，适合水稻、甘蔗、柑橘、茶树等作物生长。

砖红壤，主要分布在海南岛、雷州半岛、西双版纳和台湾岛南部，土层深厚，质地黏重，肥力差，富含铁、铝，故而颜色发红，适合水稻、香

↑ 各种土壤样本

蕉、甘蔗、荔枝等作物生长。

黑土和黑钙土，主要分布在东北地区、内蒙古东部和西北少数地区，腐殖质含量丰富，肥力高，土壤呈黑色，适合玉米、大豆、春小麦等作物生长。

栗钙土，主要分布在内蒙古、东北地区西部和西北某些地区，腐殖质含量一般，土壤结构不良，适合种植春小麦、马铃薯、燕麦等作物。

棕钙土，主要分布在内蒙古高原的中西部、新疆准噶尔盆地北部和塔里木盆地外缘等地，极为干旱，腐殖质较少，没有灌溉就不能种植庄稼。

灰钙土，主要分布在黄土高原西北部、河西走廊东段和新疆伊犁河谷地区，有机质含量较低，腐殖质积累较弱。

荒漠土，主要分布在内蒙古、甘肃西部，新疆天山南北的戈壁地区，青海柴达木盆地等地区。土壤中基本没有明显的腐殖质层，缺少水分，土质疏松。

高山草甸土，主要分布在青藏高原东部和东南部，阿尔泰山、准噶尔盆地以西山地和天山山脉等地，土层薄，土壤冻结期长，通气性差。

🌱 土壤的肥力

土壤经过长期的演变，大致可以分为三层：表土层或者腐殖质层，是植物生长、动物和微生物活动最频繁的层次，受人类影响最多；心土层，处于土壤剖面的中间层次，包含大量从表土层淋溶下来的物质；成土母质层，源源不断地为土壤的形成提供原材料。土壤既是植物生长所需营养的供应源泉，又是各种物质和能量转化的场所，持续的物质和能量交换，让土壤保持着持续的生产力。土壤的主要成分包括矿物质（土壤的主要组成物质，如石英、云母等原生矿物和高岭石、蒙脱石等次生矿物）、有机质、活体有机体（如蚯蚓、昆虫、细菌、真菌、藻类、线虫等）、水和空气等。

原始土壤中最早出现在成土母质中的有机质是微生物。随着时间的推移，土壤中的各种动植物残体、微生物及其分解和合成的各种有机物质就成了土壤有机质。"蚯蚓土中出，田乌随我飞""落红不是无情物，化作春泥更护花"，这几句诗生动地说明了生物小循环的过程：动植物遗体经微生物分解后可增加土壤营养。

↑ 生物小循环示意图

农业土壤中的有机质来源较广，主要有作物的根茬、还田的秸秆和翻压绿肥，人畜粪尿、工农副产品的下脚料（如酒糟），城市生活垃圾、污水，土壤微生物、动物的遗体及其分泌物，人为施用的各种有机肥料（如厩肥、堆肥、绿肥）等。

土壤离不开有机质，有机质是作物生长的物质基础，对保护生物多样性、维系物质循环至关重要。

🌱 土壤矿物养分知多少

土壤就像一个巨大的容器，能够溶解很多物质，其中土壤中的矿质养分是作物生长发育的基础。这些矿质养分包括作物生长所需的大量元素、中量元素、微量元素和有益元素。大量元素包括氮、磷、钾等，中量元素包括钙、镁、硫等，微量元素包括铁、锰、铜、锌、硼、钼、氯等，有益元素包括硅、钠、钴、硒、铝等。

不同元素对植物的促进作用不同，通俗地说："氮磷钾叶根茎，钾抗倒伏磷抗旱，枝叶黄瘦是缺氮，氮长叶子磷长根，钾肥充足叶秆壮。"

正常植物所需磷元素的浓度为0.1%～0.4%。磷元素重要的作用是促进碳水化合物在作物体内运输和参与作物的代谢过程。土壤缺磷时，作物全株生长受限，叶片呈紫红色，种子不饱满。土壤中磷元素过量时，作物的繁殖器官会提前发育，作物过早成熟，籽粒小，产量低。

正常植物所需钾元素的浓度为1%～5%，钾元素能提高作物含糖量，使灌浆期的作物籽粒饱满。土壤中钾元素不足时，作物抗病能力降低，品质下降并减产；当钾元素过量时，作物抗寒性差，对镁和钙的吸收降低，生长受阻碍，容易出现倒伏等现象。

正常作物所需氮元素的浓度为1%～5%。氮元素的作用是增加作物叶片中的叶绿素，促进蛋白质的合成。土壤缺氮时，作物生长缓慢，明显矮小，叶片发黄；严重缺氮时，作物叶片变褐死亡；土壤中氮过多时，作物的叶片面积大，作物容易旺长，不利于果实形成。

⬆ 磷、钾、氮三种元素对植物的作用

探索与实践

土壤是作物生长的基础，土壤种类不同，适宜生长的作物也不同。请你和小伙伴们一起深入田地，进行一些简单的农事体验，观察你身边的土壤质地、肥沃程度和作物类型。希望你能进一步理解土壤对人类的意义。

第三节　中国的耕地分布

　　中国幅员辽阔，陆地总面积有 960 多万平方千米，南北跨纬度约 49°，自北至南包括寒温带、中温带、暖温带、亚热带和热带，此外还有青藏高寒区，总体而言，光热条件优越，适宜发展农业。中国东西跨经度约 62°，涵盖湿润、半湿润、半干旱、干旱四大区域，耕地类型多，分布区域广。

🌄 山地多，平地少

　　我国是一个多山的国家，山地、高原和丘陵约占全国总面积的三分之二。一般来说，山区地质构造复杂，土壤母质类型多样，土壤类型各有特色。山地起伏高差大、坡度陡，土壤易被冲刷，土层薄，地块小，耕地分散，交通不便，耕作困难，生态系统一般较脆弱，易引起水土流失，破坏自然资源。但山地和峡谷地区形成了局部小气候，有利于发展林业。我国南方山地，水热条件好，土壤有富铁土和铁铝土，生物资源丰富，为中国热带、亚热带林木、果树和粮食生产基地。而西北地区的山地是中国重要牧场，同时也是平原地区农业灌溉水源的集水区。因此，西北地区的山地在西北地区农业自然资源组成和农业生产结构中占有重要地位。丘陵与山地一样，也具有坡地和相间平原，地形条件相对复杂，农业基础设施薄弱，土壤肥力较低，需要有选择地种植一些适应丘陵环境的作物，如玉米、红薯、油茶等。

中国耕地资源的分布

第三次全国国土调查结果显示，中国耕地总面积约为 19.18 亿亩（约 127.86 万平方千米），主要分布在东部季风区，即 400 毫米年降水量等值线以东的湿润、半湿润地区，以东北、华北、长江中下游、珠江三角洲等平原、山间盆地及广大的丘陵地区为主，这些耕地占全国耕地面积的 90% 以上，而西部耕地面积较小，分布零星。

拓 展 阅 读

第三次全国国土调查

第三次全国国土调查，简称"三调"，于 2018 年全面启动，以 2019 年 12 月 31 日为标准时点汇总数据，在 2020 年全面完成了第三次全国国土调查工作。"三调"是一次重大国情调查，也是国家制定经济社会发展重大战略规划、重要政治举措的基本依据，其目的在于全面细化和完善全国土地利用基础数据，掌握翔实准确的全国国土利用现状和自然资源变化情况等。

中国东部和南部地势相对低平，且拥有良好的水热条件，故而土地生产力较高，是中国重要的农区和林区。西北内陆区虽然光照充足，热量也较丰富，但干旱少雨，沙漠、戈壁、盐碱地面积大，其中东半部为草原与荒漠草原，西半部为极端干旱的荒漠，土地自然生产力低。青藏高原地区平均海拔在 4000 米以上，日照虽然充足，但热量不足，高而寒冷，土地自然生产力低，且不易被利用。综合来说，中国土地资源分布不均衡，区域间差异大。

中国不同地区的土地情况

	北方地区	南方地区	西北地区	青藏地区
区域差异	地处东部季风区，集中了全国90%以上的耕地和林地，土地利用程度很高		以草地和荒漠为主	以草地、高寒荒漠为主，土地生产力较低
	以旱地为主	以水田为主		
自然原因	雨热同期，土壤肥沃，平原广阔，耕地多，但水热条件相对较差	雨热同期，土壤肥沃，多丘陵、山地，水热资源丰富	光照充足，热量较为丰富，但干旱少雨，水源不足	光照充足，但热量不足

知识速递

一片土地能否被开发为耕地要满足两个基本条件：一是地形平坦。平原和高原地形平坦，适宜开发耕地，而丘陵、山地地形崎岖，不适宜大规模开发耕地。二是气候适宜。热量和降水要适中，作物才能生长，而青藏高原地区由于海拔太高，热量不足，就不宜开发耕地。

不同区域农业生产的特点

中国土壤资源丰富多样，空间分异明显，但适宜耕种的土地面积小，总体质量不高；受人为活动的强烈影响，土地垦殖率高，耕地后备资源有限。不同类型的土壤是在不同的自然环境条件和人为影响下形成的，各自具有不同的生产力及发展适宜性。因此，应针对不同的土壤类型，选择适宜的作物。

华北平原区是中国耕地面积最大的平原农业区，土体深厚，宜耕适种，是中国粮、棉、油等农产品的重要产区。

东北平原区土地肥沃，盛产小麦、大豆、玉米、高粱等，是中国重要的粮食生产基地。

西北地区属于半干旱、干旱地区，光照充足，但干旱少雨，土地不肥沃，畜牧业占首要地位，农业区小而分散。部分地区引用高山融雪水灌溉农田，所生产的长绒棉、小麦及优质瓜果广为人知。

南方地区水热条件好，土壤主要是砖红壤、赤红壤、红壤和黄壤，土壤偏酸，适宜种植水稻、油菜、柑橘、香蕉、甘蔗、茶树等作物。

🌱 坚守耕地红线

耕地是农业生产的命脉，在山水林田湖草沙这个生命共同体中，"田"代表的是耕地，是中国宝贵的自然资源，也是粮食生产最重要的载体。当前，中国耕地资源呈现总量多、人均少、地区分布不平衡，可开发后备资源少和耕地基础地力不足等特点。第三次全国国土调查结果显示，中国人均耕地面积仅为 1.36 亩 / 人（约 906.67 平方米 / 人），不到世界平均水平的 40%。

因此我们必须要保护耕地，国务院印发的《全国土地利用总体规划纲要（2006 —2020 年）》提出，确保 18 亿亩（120 万平方千米）的耕地红线。这一耕地红线也是 14 亿多中国人的粮食安全底线。在中国，种植粮食作物的耕地主要集中在东北、华北和长江中下游的平原区，其他地区的耕地大多种植了甘蔗、棉花、油料等经济作物。所以，中国适合粮食作物生产的耕地资源依然紧缺。

耕地保护迫在眉睫，我们必须坚持实行最严格的耕地保护制度，耕地红线不能碰。

第四节 让"粮田"变"良田"

在农耕社会，土地是国家重要的生产资料，对粮食生产及社会安定有着十分重要的作用。在现代，土地依然是宝贵的自然资源。人们通过改进耕作技术、加快良种培育、改良耕作土壤等多种方式，实现了农田的高效利用，保障了国家的粮食安全。

农田也需要"食补""药疗"

人类每天都需要摄入多种食物以获取人体所需的各种营养物质，而为人类提供食物的农田也是需要摄入营养物质的。农谚中说："庄稼一枝花，全靠肥当家。"可见作物能不能长得好，肥料起着相当重要的作用。

中国古人很早就意识到了这个问题。早在商代，人们就已经开始用畜禽粪便、秸秆等制作肥料，然后将肥料施到农田来提升地力了。到了唐宋时期，随着水稻在长江流域的推广，人们施肥的经验日益增多，总结出"时宜、土宜和物宜"的施肥原则，根据地域、土壤和环境等因素使用不同的肥料。随着近代化工业的兴起和发展，各种化学肥料相继问世，出现了富含氮、磷、钾、钙、铁、铜、镁等多种元素的复合肥料。

就像人类会生病一样，农作物也会生病，受到一些病、虫、恶性杂草等的影响。为了预防、消灭或者控制危害农作物生长的有害生物，科学家们研发了一系列应对病虫害的物质，统称其为农药，主要包括杀虫剂、杀菌剂、除草剂、杀鼠剂、植物生长调节剂等。施用农药有很多方法，目

⬆ 田间施肥

前在农业生产中应用最广泛的一种方法是喷雾法。但是要防治地下害虫或者某一时期在地面活动的昆虫，人们就要将药粉与土壤混合均匀，制作成"毒土"，供有害生物"食用"了。

　　虽然农药可以防虫治病，但俗话说"是药三分毒"。为了防治农作物病虫害，全球每年有数百万吨化学农药被喷洒到自然环境中，但实际发挥能效的仅是非常小的一部分，其余的都散逸在土壤、空气和水体之中，导致不少地区的土壤、水体、粮食和蔬菜等化学农药残留超标，这些化学农药残留对环境、人体及其他生物的健康构成了严重威胁。

 作物"喝"什么水

"万物生长靠太阳，雨露滋润禾苗壮"，作物生长需要阳光，也同样需要水。有了充足的水分，作物的茎秆、枝叶才能挺立、伸展，才能更好地进行光合作用。此外，作物还需要大量的水分进行蒸腾作用，以降低植株的温度，防止叶片被灼伤，同时促进根对水分的吸收及加速水分和无机盐在体内的运输。既然水对于作物来说如此重要，那么作物需要的是什么水呢？

土壤中有容纳水分和空气的空隙，土壤的空隙容积越大，水分和空气的含量也就越多。土壤中的水分按照其所受重力的不同分为重力水、吸湿水和毛管水三种。

受重力影响，重力水不能保持在土壤孔隙中，容易流失，下渗速度快，只有极少的一部分能被作物利用。如果地下水位过高，长期阴雨，耕作层

⬇ 雨中的稻田

土壤中长期或大量存在重力水，就会导致土壤透气性变差，影响作物生长。土壤中吸湿水的含量主要取决于空气的相对湿度和土壤质地，空气相对湿度越大，土壤颗粒越细，土壤中吸湿水的含量也就越多。吸湿水易受土粒引力的影响，不能流动，溶解力很弱，不能被作物吸收。毛管水是靠毛管力保持在土壤毛管孔隙中的水分，一般情况下，毛管水可以向各个方向移动，是作物所需水分的主要供给源，也是土壤养分的溶剂和输送者。

农业的"芯片"——种子

农业的基础在于种植业，种植业的延续与发展依赖种子。在长期的生产实践中，人们创造了育种技术，培育出了大量的优良品种，正是依靠它

↑ 种子

们，各种种植活动才能年复一年地进行。可以说，种子的优劣决定了粮食的产量和质量，一颗小小的种子看似不起眼，却是农业的核心竞争力。在全球农业竞争的大背景下，种子安全不容小觑。种子就像是农业的"芯片"，芯片中有大量的晶体管，种子里也有数以万计的基因。

🌱 中国的农业"芯片"中心在哪里？

寒冷条件下植物生长会受限，育种速度也会受阻，而中国海南省这个"天然温室"里藏着一个巨大的种子库——国家南繁科研育种基地。海南省独特的热带气候可以让作物实现加代繁殖，让一个品种的育种周期缩短三分之一甚至一半。每年冬季，很多科技人员将水稻、玉米、棉花等夏季作物的育种材料拿到海南省进行繁殖和选育，这样可以加速育种的过程，提高中国种子资源的竞争力。作为作物南繁之地，海南省被人们称为"南繁硅谷"。

一亩良田是作物健康生长的先决条件，肥料和适当的农药是作物健康生长的保障，水分是作物健康生长的基础，优良的种子是作物优质高产的关键，正是在一代代劳动人民的精耕细作之下，我们才能看见良田万顷、绿波连天的美好景象。

第五节 同心协力护土壤

　　土壤对人类的意义不言而喻。它为人类提供了生存空间，可以储存和过滤水，还在抵御洪水和抗旱方面发挥着重要作用。因此，我们必须要保护土壤，修复已经受到损伤的土壤，使其恢复往日的生机与健康。

🌱 土壤健康有标准

　　土壤健康是土壤维持生产力、维持自身环境质量和促进生物健康的能力。健康的土壤具有良好的结构和缓冲性能，能为植物根系提供充足的空间和养分。土壤健康主要表现在土壤理化性质优越、营养丰富、生物活跃、水分和空气含量适宜、生态系统健康稳定等方面。

1.土壤理化性质优越

　　土壤理化性质指土壤物理性质和土壤化学性质。土壤物理性质主要包括土壤质地、土壤结构、土壤密度、土壤空隙、土壤温度等。土壤化学性质主要包括土壤矿物质、土壤酸碱性、土壤有机质等。健康的土壤质地疏松、通气、透水性强，保水、保肥性好，温度

⬆ 疏松的土壤

适宜，酸碱度适中，能够为作物根系的生长提供相对稳定的环境。

2. 土壤营养丰富

土壤营养丰富主要体现在土壤养分丰富、肥力强劲。土壤肥力是土壤为作物生长提供和协调营养条件及环境条件的能力。

矿物质是土壤肥力的重要组成部分，一般占土壤固相部分质量的95% ~ 98%，是岩石经过风化作用形成的不同大小的矿物颗粒。土壤矿物质种类很多，直接影响土壤的物理和化学性质，是作物养分的重要来源之一。健康的土壤含有的矿物质种类齐全、比例适宜、含量丰富。

> **知识速递**
>
> 土壤肥力可分为自然肥力和人为肥力。自然肥力，指土壤在气候、生物、成土母质、地形和时间这五大成土因素影响下形成的肥力。人为肥力，指土壤在人为的耕作、施肥、灌溉等农事活动影响下所表现出的肥力。一般耕作土壤既有自然肥力，又有人为肥力。

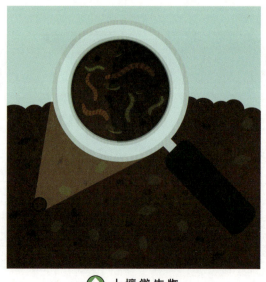

↑ **土壤微生物**

土壤有机质是土壤肥力的核心部分，它的含量是衡量土壤肥力高低的一项重要指标。富含有机质的土壤生物多样性丰富，缓冲能力高，抗污染、抗干扰的能力强。

3. 土壤生物活跃

土壤生物是土壤中活的有机体的总称，包括各种土壤动物、真菌、细菌等。土壤生物尤其是微生物对动植物残体的分解、土壤结构形成、有机物转化、有毒物质的降解等至关重要。健康土壤中的土壤生物种类丰富多样、代谢活跃、食物链结构合理，能够有效维持土壤生态系统的能量流动、物质循环和信息交换。

4. 土壤水分和空气含量适宜

土壤中布满了大大小小蜂窝状的孔隙。土壤中的毛管孔隙是土壤水分的储存之所。土壤毛管孔隙中的水分能被作物直接吸收利用，同时还能溶解和输送土壤养分。土壤中的非毛管孔隙是土壤空气的存在之地。土壤中的空气会影响种子发芽、作物根系发育、微生物活动等。健康土壤中的水分和空气的比例是适宜的。

拓展阅读

世界土壤日

2013 年，联合国粮食及农业组织大会通过了将每年的 12 月 5 日作为世界土壤日的决议，旨在强调土壤对人类生存和发展的重要性，提高公众对土壤的保护意识。

5. 土壤生态系统健康稳定

健康的土壤应处在一个健康的发育环境当中，没有严重的环境胁迫，如干旱、洪水、飓风、放射性散落物、工业污染、过度的农业开垦等。当土壤被污染，且有害物质超过土壤自净能力时，土壤的结构和功能就会发生变化。土壤污染程度与土壤健康状况息息相关，土壤污染程度越大，土壤的健康就越差。

🌱 土壤体检不能少

土壤是陆地生态系统中最重要的元素，摸清土壤的底细，不仅关系着人类的生存，也关系着地球生态系统的健康。因此，定期给土壤进行"体检"，了解土壤的各项指标状况，土壤才能更健康。

土壤普查就是在给土壤做"体检"。土壤普查是对土壤形成条件、土壤类型、土壤质量、土壤利用及其潜力的调查，包括立地条件调查，土壤性状调查和土壤利用方式、强度、产能调查。土壤普查结果可为土壤的科学分类、规划利用、改良培肥、保护管理等提供科学支撑，也可为经济发展和生态环境保护提供决策依据。

我国在 1958—1960 年进行了第一次全国性土壤普查，完成了全国绝大部分耕地的土壤调查，编写了全国大部分县的《土壤志》和全国《农业土壤志》。1979—1985 年，我国又进行了第二次全国性土壤普查，并应用了遥感和计算机等技术，已陆续出版了从全国到乡级的土壤志、土种志和土壤图等比较系统完整的基础资料。自 2022 年起，我国开展了第三次全国土壤普查工作，计划在 2025 年完成全国耕地质量报告和全国土壤利用适宜性评价报告。

第三次全国土壤普查是一次重要的国情国力调查，对全面真实准确掌握土壤质量、性状和利用状况等基础数据，提升土壤资源保护和利用水平，落实最严格耕地保护制度和最严格节约用地制度，保障国家粮食安全，推进生态文明建设，促进经济社会全面协调可持续发展具有重要意义。

1. 土壤普查是守牢耕地红线、确保国家粮食安全的重要基础。随着经济发展，耕地被大量占用，严守耕地红线才能确保国家粮食安全。

2. 土壤普查是落实高质量发展要求、加快农业农村现代化的重要支撑。土壤普查对指导因土种植、因土施肥、因土改土，提高农业生产效率有重要作用。

3. 土壤普查是保护环境、促进生态文明建设的重要举措。随着城镇化、工业化快速推进，大量废弃物的排放会直接或间接影响耕地质量。土壤生物多样性下降、土传病害加剧、土壤酸化加剧、重金属活性增强等都会威胁农产品的质量安全。为全面掌握全国耕地、园地、林地、草地等土壤性状，协调发挥土壤的生产、环保、生态等功能，需开展全国土壤普查。

4. 土壤普查是优化农业生产布局、助力乡村产业振兴的有效途径，对实现粮食稳产、高产和促进乡村产业兴旺和农民增收致富有重要作用。

🌱 保持土壤健康有妙招

耕地质量的核心是土壤健康。土壤本身就是一个生态系统，土壤生态系统平衡时有一定的自我修复功能。对耕地而言，土壤生态系统能否平衡与人类的耕作模式与养地方式息息相关。由于人们长期高强度利用耕地，并采取了不合理的耕作方式，目前中国的耕地质量不容乐观，主要表现为耕地退化面积较大、污染面积不小、中低产田比例大、有机质含量低。并且有些优质耕地被占用后，后续补充的耕地等级低、基础地力低。

面对严峻的形势，当务之急是构建农田质量建设制度与土壤健康保育管理体系。为此，人们要注重优化耕作模式，坚持实施种地、养地相结合的耕作方式；合理施肥、用药，保护耕地质量，坚持发展绿色农业；依靠科技创新，更科学有效地管理耕地，建设现代化农业产业体系。

耕地是人们安身立命的根本。如何守好耕地红线和提高耕地质量，是每个人都不能忽视的问题。粮食安全关系到所有人的日常生活，全方位、立体化地保护耕地刻不容缓。我们要坚持绿色发展，针对不同地区因地制宜地利用好耕地，为生态的可持续发展多尽一份责，多出一份力。

拓展阅读

　　2022 年北京冬奥会的各赛区从设计到建设过程中，中国一直坚持生态优先、资源节约、环境友好、生态保护等理念，为守护绿水青山做了非常好的示范。

　　延庆赛区的建设一直秉持"山林场馆，生态冬奥"的理念。山区的表土是珍贵的自然资源，也是天然的种子库。在延庆赛区建设开始前，工作人员就开展了近一年的表土剥离和收集工作。为了不破坏表层土壤，大部分的表土剥离工作是人工完成的。据统计，延庆赛区共剥离了 8.1 万立方米的表土，这些表土已经全部用于赛区的生态修复工作，是赛区恢复原有生态的关键因素。

⬆ 国家雪车雪橇赛道——雪游龙